무등산 자락
무돌길 이야기

무등산 둘레 따라 광주, 담양, 화순 걷기

무등산 자락 무돌길 이야기

지리 여행 가이드
Geo-Trip Guide

기획·집필 **이정록** 외

김성은·김부미·김창은·오진주·김공승·이아름
이은규·은현석·김성룡·엄재홍·박현범·노지훈

푸른길

요즘 걷기가 유행하면서 많은 곳에 둘레길이 만들어졌고, 제법 유명하다고 알려진 제주도 올레길, 북한산 둘레길, 지리산 둘레길 등에는 많은 사람들이 찾고 있다. 그래서 일부 지자체와 마을 단위에서는 쉼과 느림, 힐링, 자연과 풍광을 즐기려는 사람들을 위한 명품 트레킹 코스를 만드는 데 많은 노력을 기울이고 있다.

이 책은 무등산 주변에 살았던 사람들, 특히 광주, 화순, 담양 사람들이 옛날에 봇짐을 지고, 지게를 지고, 아들과 손자의 손을 잡고 걸었던 무등산 둘레길에 관한 지리와 사람들의 이야기를 정리한 것이다. 수필가가 아닌, 그렇다고 전문 여행가도 아닌, 지리학에 관심을 가지고 있는 대학생들이 자기들의 눈높이에서 정리한 것이기 때문에, 요즘 서점가에서 흔히 볼 수 있는 수필 스타일의 여행기가 아니라 지리학 보고서에 가까운 무돌길 안내서이다.

무돌길을 지리학적 관점에서 조사하고 정리해 이처럼 책으로 꾸민 것은 순전히 아주 가까운 이의 주문 아닌 주문 때문이었다. "명색이 지리학 교수니까 우리 지역의 명물인 무돌길에 대해 일반인이 쉽게 읽을 수 있는 안내 책자를 만들어 보면 좋겠다."는 집사람의 아이디어 때문이었다. 동생 가족과 함께 무돌길을 걸으면서 수많은 이야기를 나누었고, "혼자서 힘들면 학생들과 함께 책을 만들어 봐라! 학생들에게는 정말 평생 잊지 못할 의미 있는 작업이 될 것이다."라는 집사람의 격려에 용기를 갖게 되었다.

· · ·

이런저런 이유로 힘겹게 시작한 일이지만, 혼자도 아니고 그것도 글쓰기에 재주가 없는 학생들과 협업을 통해 책을 낸다는 일은 제법 오랫동안 글 쓰는 일에 종사해 온 교수에게도 낯설기만 했다. 그러던 중 필자가 담당하고 있는 '지역조사법' 과목을 수강하는 학생들과 함께 만드는 것이 좋겠다는 생각에 이르렀고, 이내 즉시 실행에 옮겼다. 결국 이 책은 2014학년도 1학기 전남대학교 지리학과에 개설된 '지역조사법'을 수강한 11명 학생들과 함께 거의 10개월 동안 작업한 결과물이다. 학생들은 무돌길을 구간별로 나누어 답사를 했고, 휴일에도 쉬지 않고 기꺼이 걸으면서 사진을 찍었다. 원고 정리를 위해 자장면을 시켜 먹으며 브레인스토밍도 했다.

하지만 이 책은 학생들이 수업 시간을 이용해 조사하고 정리한 것이라, 무돌길에 대한 상세하고 전문적인 지리학적 설명을 담기에는 구조적으로 한계가 있었다. 무돌길의 지리, 역사, 문화, 생활 등 종합적인 특징을 짧은 시간에 정리하는 것도 쉽지 않았다. 게다가 주로 봄과 여름에 답사를 하며 사진을 찍었기 때문에, 무돌길 사계절을 담은 사진을 준비할 수 없었다. 다행스럽게도 광주문화재단 문화관광탐험대에서 재능 기부를 하고 있는 심인섭 씨(simpro의 반백년 이야기, blog.daum.net/huhasim)가 관련 사진을 제공해 주어, 부족한 사진들을 어느 정도 보완할 수 있었다. 좋은 사진을 이 책에 실을 수 있도록 동의해 준 심인섭 씨에게 깊은 감사를 드린다.

원고는 모였지만 과연 이 원고들이 독자들의 눈높이를 얼마나 만족시킬 수 있을까 하는 두려움이 몰려왔다. 왜 이런 일을 시작했는지 후회도 많이 했고, 출판을 포기할까 몇 번을 망설이고 또 망설였다. 하지만 학생들과 약속했고, 누군가는 해야 하고, 일반인용 종합적인 무돌길 안내서가 없다는 판단에 출판사 문을 두드렸다. 물론 2011년 무등산보호단체협의회에서 소책자 형태로 만든 『무등산 무돌길』이 있지만, 이는 비매품이고 내부 보고서였기 때문에 무돌길을 전체적으로 이해하는 데 부족한 것이 많았다. 이 책은 일반 독자를 위해 지리학적 시각에서 무돌길 총 15구간에 대한 종합적 특징을 스토리텔링으로 풀어낸 최초의 안내서이다.

• • •

원고만 완성되었다고 책이 만들어지는 것은 아니다. 책을 편집하고 인쇄해 판매해 줄 출판사가 있어야 한다. 잘 팔리지 않을 것이 분명한데도 출판 제의를 흔쾌히 수락한 지리학 전문 출판사인 (주)푸른길의 김선기 사장께 뭐라고 감사를 드려야 할지 모르겠다. 김 사장의 도움이 없었다면, 이 책은 독자들에게 선을 보이지 못했을 것이다. 김 사장이 좋아하는 여수 돌산갓김치를 계속 보내야 할 모양이다. 학생들이 작성한 조잡한 원고를 깔끔하게 손질해 준 푸른길 편집부 직원들, 특히 박미예 씨에게 감사의 마음을 전한다. 대한지리학회 회장을 역임한 나의 30년 지기인 부산대 지리교육과 손일 교수는 책의 구성과 편집에 많은 아이디어를 제공했다. 또한 선운이앤지 전홍진 사장은 무돌길 표시를 위해 학생들이 곳곳에 달았던 안내 리본을 제작해 주었다. 무돌길을 소개하는 스토리텔링 형식의 안내서가 많아야 한다며 이 책의 출판을 격려해 주신 광주상공회의소 박흥석 회장님과 윤장현 광주시장님, 그리고 구충곤 화순군수님께 깊은 감사를 드린다.

필자의 핀잔을 수도 없이 듣고, 눈물까지 흘리면서도 묵묵히 작업에 동참해 준 학생 필자 12명에게 뜨거운 박수를 보낸다. 특히 현장 답사와 자료 수집, 학생 연락 등에 수고를 아끼지 않은 경영학부 은현석 군과 에너지자원공학과 이은규 군, 책의 마무리 작업에 참여해 필자를 대신해서 자질구레한 일들을 도맡아 준 지리학과 김성은 양에게 고마운 마음을 전한다.

이제 10개월간 작업한 결과물을 세상에 내놓는다. 무돌길을 사랑해서 오늘도 무돌길을 걷고 있을 광주와 전남 지역 주민들, 무돌길 15구간 종주를 계획하고 있는 열혈 트레커들, 그리고 무돌길을 걷고 싶은 전국의 트레커들에게 이 책이 유익한 길라잡이 역할을 했으면 좋겠다. 이 책이 갖고 있는 한계와 오류들은 전적으로 기획과 편집을 담당한 필자의 몫임을 밝혀 둔다.

2015년 2월
대표 저자 이정록

4부 # 광주 동구 구간

무등산 자락의 무돌길 이야기

'무돌길'은 두 가지 의미를 가지고 있다

무돌길은 2012년 국립공원으로 지정된 무등산 주변의 옛길들을 이어 놓은 길이다. 무등산 자락을 휘감고 도는 '무돌길'이란 이름은 두 가지 의미를 가지고 있다. 하나는 무등산의 옛날 이름이었던 '무돌뫼'의 '무돌'에 '길'을 붙여 무돌길이라고 한다. 다른 하나는 '무등산을 한 바퀴 돌아보는 아름다운 길'을 줄여서 무돌길이라고 부른다. 요즘 유행하는 말로 쉽게 말하면, 무돌길은 무등산 자락 주변을 한 바퀴 도는 둘레길과 동의어다.

무돌길은 무등산 자락에 거주했던 우리 조상들이 생업을 위해 이동했던 생명선이었으며, 동시에 재를 넘어 마을과 마을, 사람과 사람을 연결시켜 준 통로 역할을 했다. 그래서 무돌길 일부 구간은 짧게는 100년에서 길게는 500년 동안 이런 기능을 수행했을 것으로 추정된다. 왜냐하면 무돌길 주변에 위치한 취락 분포와 생업 현장이었던 농경지 분포, 그리고 역사적 유물과 흔적 등을 통해 이러한 사실을 쉽게 유추할 수 있기 때문이다.

무돌길은 무등산과 밀접한 관계가 있다

무돌길은 무등산을 휘감고 한 바퀴 도는 둘레길이기 때문에 무등산과 불가분의 관계다. 무등산(높이 1,187m)은 광주광역시와 전라남도 화순군, 담양군에 걸쳐 있으며, 광주시와 전라남도를 대표하는 명실상부한 산이다. 무등산은 광주시민들에게 정신적인 지주 역할을 하는 산이다. 『무등산』(2008, 다지리)의 저자이자 무등산 사랑운동을 몸소 실천한 박선홍 선생은 무등산을 "시가 문학에 빛나는 예향의 진산이며, 항일 의병과 학생 독립 운동, 광주 민중 항쟁의 본산이고, 시대의 고비마다 역사의 아픔을 딛고 억겁의 지축을 지키며 추호의 흔들림도 물러섬도 없이 우리를 굽어보고 있다."고 일갈하고 있다.

또한 무등산은 예로부터 지역 주민에게 어머니와 같은 역할을 했다. 모두를 감싸 안아주는 포근하고 편한 느낌 때문에, 지역민들은 무등산을 사랑해 왔다. 동시에 무등산은 지역민들에게 놀이터, 운동장, 휴식 공간을 제공했고, 현재도 그 역할을 하고 있으며, 국립공원으로 지정된 무등산의 역할이 앞으로 더 확대될 것으로 예상된다.

무돌길의 재현과 만들기 과정

무등산 자락을 한 바퀴 도는 둘레길 역할을 하는 무돌길을 복원하고 재현하는 과정에는 (사)무등산보호단체협의회가 중요한 역할을 했다. 이 과정에 광주광역시를 비롯한 화순군과 담양군의 지원과 협조는 매우 중요했다. 무돌길을 재현하게 된 배경에는 무등산 탐방 등산객의 분산, 무등산의 효율적인 활용, 무등산이 갖는 자연적·문화적 가치의 보존과 활용, 수려한 무등산이 갖는 조망적 가치 확대, 무등산 자락에 분포하는 자연

 각화동
① 광주 북구 구간
② 등촌마을 정자
③ 금곡마을 정자 ④
배재마을 정자
연천마을 산음교 ⑤
전남 담양 구간
⑥ 경상마을 정자
광주역
(폐선 푸르른길)
⑮ 남광교
⑦ 무동마을 정자
(광주천 생태길)
화순초등학교 ⑧ 이서분교장
광주 동구 구간
총 51.8km, 약 15시간 소요
⑨ 안심마을 정자
⑫ 중지마을 만연재
⑬ 용연마을 정자
⑩ 안양산 휴양림
⑭ 선교마을 정자
⑪ 큰재 쉼터
전남 화순 구간

＊자료:『무등산 무돌길』, 무등산보호단체협의회 무등산무돌길자료편집위원회, 2011

생태와 역사·문화 자원 발굴 등이 복합적으로 작용했다.

무등산 자락을 연결하는 순환형의 자연 탐방로를 개설하는 것이 바람직하다는 인식이 1990년대 초부터 지역사회에 등장했다. 이를 실현하기 위한 작업의 일환으로 1995년부터 무등산보호단체협의회가 주관하여 무등산사랑환경대학을 운영했고, 여기에서 무등산을 한 바퀴 도는 답사 교육도 실시했다.

하지만 본격적인 무돌길 만들기 작업은 2009년 6월에 무등산공유화재단이 설립되고, 재단이 중심이 되어 무등산 자락의 둘레길 사업을 추진하면서부터이다. 2009년 9월에 무등산자락길추진위원회가 출범했고, 조사연구팀도 꾸려져 관련 작업을 추진했다. 2010년 5월에는 제주 올레길 현장 답사도 실시했고, 2010년 7월에 현재 사용하고 있는 이름인 '무등산 자락 무돌길(약칭 무돌길)'을 확정했다. 무등산자락무돌길추진위원회를 중심으로 수차례에 걸친 워크숍과 세미나를 통해 무돌길 재현을 위한 기본 방향과 전략도 만들었다. 무등산 자락에 있었던 옛길을 재현하는 작업에는 관련 분야 전문가들로 구성된 연구조사단이 중요한 역할을 했다. 1910년대에 제작된 지형도와 각종 문헌을 원용해 옛길을 복원·재현했다고 한다.

이러한 작업을 거쳐서, 광주광역시 동구 구간에 해당하는 제12길에서 제15길이 2010년 10월 2일에 가장 먼저 개통됐다. 그리고 10월 10일에는 북구 구간(제1길-제4길), 2011년 7월 16일에는 담양 구간(제5길-제6길), 2011년 11월 26일에는 화순 구간(제7길-제11길)이 개통돼 15개 구간으로 구성된 전체 코스가 완성됐다.

무돌길 구성과 15개 구간의 특징

무돌길은 무등산을 중심으로 광주광역시, 화순군, 담양군에 걸쳐 있다. 무돌길은 제1길이 광주광역시 북구 각화동의 시화문화마을에서 시작해서 제15길의 종점인 광주역에서 끝나는 15개 구간으로 구성되어 있다. 행정구역별로 구분해 보면, 광주광역시 북구에 속하는 제1길부터 제4길, 담양군에 속하는 제5길에서 제6길, 화순군에 속하는 제7길부터 제11길, 그리고 광주광역시 동구에 속하는 제12길에서 제15길까지이다.

무돌길 전체 길이는 약 51.8km로 알려졌지만, 측정 방법에 따라 약간씩 차이가 있다. 15길 전 구간을 보통 사람 걸음으로 걷는다면, 약 15시간 소요된다. 하지만 트레커의 숙련 정도, 휴식 시간 등에 따라 소요 시간은

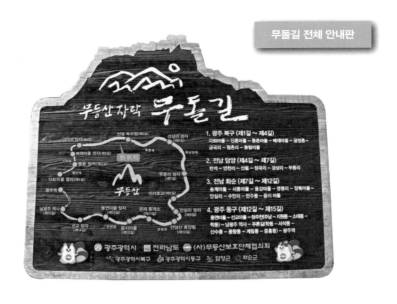

얼마든지 단축되거나 늘어날 수 있다.

　무돌길 15개 구간은 각각 독특한 특징과 경관을 보유하고 있으며, 길의 이름은 구간의 특징을 상징적으로 표현하고 있다. 광주 북구 구간에 속하는 제1길은 싸리길로, 광주시 북구 각화동 시화문화마을에서 시작해서 등촌마을 정자까지이다. 구간 거리는 약 3.0km, 소요 시간은 약 60분이다. 제2길은 조릿대길로, 등촌마을 정자에서 배재마을 정자까지이다. 구간 거리는 약 2.0km이고, 소요 시간은 약 40분이다. 충장공 김덕령 장군을 기리는 제3길 덕령길은 배재마을 정자에서 금곡마을 정자(삼괴정)까지이다. 구간 거리는 약 2.5km, 소요 시간은 대략 50분이다. 제4길 원효계곡길은 금곡마을 정자에서 연천마을 산음교까지이다. 구간 거리는 약 4.0km, 소요 시간은 대략 60분 정도이다.

　담양군 구간으로 분류되는 제5길 독수정길은 연천마을 산음교에서 경상마을 정자까지이다. 구간거리는 약 3.0km, 소요 시간은 대략 50분 정도이다. 제6길 백남정재길은 경상마을 정자에서 무동마을 정자까지이다. 구간 거리는 약 3.5km, 소요 시간은 약 60분 정도이다.

화순군 구간으로 분류되는 제7길 이서길은 무동마을 정자에서 시작해 화순초등학교 이서분교장까지이다. 구간 거리는 약 3.0km, 소요 시간은 대략 60분 정도이다. 제8길 영평길은 화순초등학교 이서분교장에서 안심마을 정자까지이다. 구간 거리는 약 4.0km, 소요 시간은 대략 1시간 20분이다. 제9길 안심길은 안심마을 정자에서 시작해서 안양산 휴양림까지이다. 구간 거리는 약 4.0km, 소요 시간은 약 1시간 20분이다. 제10길 수만리길은 안양산 휴양림에서 화순읍 큰재 쉼터까지이다. 구간 거리는 약 4.0km, 소요 시간은 약 60분 정도이다. 호남의 알프스로 불리는 수려한 조망권을 가진 제11길 화순산림길은 큰재 쉼터에서 중지마을 만연재까지이다. 구간 거리는 약 3.0km, 소요 시간은 약 50분이다.

제12길부터 제15길까지는 광주광역시 동구 구간으로 분류된다. 제12길 만연길은 중지마을 만연재에서 용연마을 정자까지이다. 구간 거리는 약 4.0km, 소요 시간은 약 60분 정도이다. 제13길 용추계곡길은 용연마을 정자에서 선교마을 정자까지이다. 구간 거리는 약 3.0km, 소요 시간은 약 50분이다. 광주천을 따라 걷는 제14길 광주천길은 선교마을 정자에서 남광교(남광주 구역사)까지이다. 구간 거리는 약 4.8km, 소요 시간은 대략 1시간 20분 정도이다. 15개 구간 중에서 가장 길다. 폐선푸른길로 명명된 마지막 구간인 제15길은 도심부를 관통한다. 남광교에서 광주역까지이다. 구간 거리는 약 4.0km, 소요 시간은 대략 60분이다. 제13길부터 제15길까지는 아스팔트로 포장된 구간이 대부분이다. 무돌길을 걷는 데 소요

구간과 별칭	주요 통과 지점과 랜드마크	거리* (km)	소요시간** (분)
제1길 · 싸리길	각화동(시화문화마을) – 문화대교–각화 저수지–들산재–신촌마을–등촌마을 정자	3.0	60
제2길 · 조릿대길	등촌마을 정자 – 조릿대재(지릿재) – 배재마을 정자	2.0	40
제3길 · 덕령길	배재마을 정자 – 금정이주촌 – 덕령(충장골)숲길–금곡마을 정자	2.5	50
제4길 · 원효계곡길	금곡마을 정자–원효계곡 숲길–평촌마을(담안마을)–반석마을–연천마을(산음교)	4.0	60
제5길 · 독수정길	연천마을(산음교)–함충이재–정곡마을–경상마을 정자	3.0	50
제6길 · 백남정재길	경상마을 정자–경상 저수지–백남정재–무동마을 정자	3.5	60
제7길 · 이서길	무동마을 정자–무동 저수지–송계마을–서동마을–용강마을–화순초등학교 이서분교장	3.0	60
제8길 · 영평길	화순초등학교 이서분교장 – 도원마을 – OK목장–안심마을 정자	4.0	80
제9길 · 안심길	안심마을 정자–안심 저수지–안양산 휴양림	4.0	80
제10길 · 수만리길	안양산 휴양림–둔병재–수만분교장–큰재 쉼터	4.0	60
제11길 · 화순산림길	큰재 쉼터–만산산 오솔길–도깨비도로–중지마을 만연재	3.0	50
제12길 · 만연길	중지마을 만연재–곰적골 계곡–용연마을 정자	4.0	60
제13길 · 용추계곡길	용연마을 정자–용연 정수장–선교마을 정자	3.0	50
제14길 · 광주천길	선교마을 정자–주남마을–원지교–남광교	4.8	80
제15길 · 폐선푸른길	남광교–푸른길공원–농장다리–광주역	4.0	60

자료 : (사)무등산보호단체협의회 자료를 토대로 일부 수정하여 구성하였다.

* 거리와 시간은 측정 밥법에 따라 약간씩 차이가 있지만, 안내표지판에 표시된 경로와 거의 같다.

** 학생들이 실제로 측정한 시간을 기준으로 하였기 때문에 이용자에 따라 약간의 차이가 있을 수 있다.

되는 구간별 시간은 개인에 따라 상이할 수 있다는 사실을 유념하기 바란다.

무돌길 15개 구간 중에는 들산재(제1길), 조릿대재(제2길), 함충이재(제5길), 백남정재(제6길), 만연재(제12길) 등과 같이 재를 넘기 때문에 비교적 경사가 급한 산길도 있지만, 전반적으로는 완만한 경사를 가진 산책길이 많은 것이 특징이다. 특히 광주광역시 동구에 속하는 제13길과 14길의 두 개 구간은 광주천을 따라 조성됐기 때문에 매우 평탄해 인근에 거주하는 광주시민들이 산책로로 자주 이용해 수변공원 구실을 톡톡히 하고 있다.

광주광역시에서는 무돌길을 연결하는 '무등산 순환버스'를 운행하고 있다. 순환버스는 광주역을 출발해서 제1길의 시작점인 각화동, 등촌마을(제2길), 소쇄원, 화순초등학교 이서분교장(제8길), 안심마을(제9길), 안양산 휴양림(제10길), 큰재 쉼터(제11길), 선교 삼거리(제14길), 증심사, 조선대학교 등을 거쳐 종점인 광주역(제15길)까지 운행한다. 광주역으로 도착해서 무돌길 트레킹을 계획하려는 사람들은 순환버스를 이용해도 괜찮다. 주말에만 운행하며 운행 횟수는 상황에 따라 약간씩 달라진다. 사전에 무등산국립공원사무소 또는 광주시청 홈페이지에서 관련 정보를 확인하는 것이 좋다.

필자에게 15개 구간 중에서 가장 수려한 코스를 선택하라고 주문한다면, 주변 경관이 매우 수려하고 최고의 조망권을 가진 제10길 수만리길과 제11길 화순산림길을 주저하지 않고 추천할 것이다. 이들 구간에서는 알프스 자락의 어떤 마을을 바라보는 듯한 수려한 경관이 펼쳐지기 때문에 이동 과정 내내 눈과 마음이 시원해진다. 특히 철쭉과 이름을 알 수 없는 산나무들이 만개하는 봄철에는 트레커들에게 최고의 경치를 선사한다. 봄철에 제10길과 제11길을 여유롭게 거닐 것을 강추한다.

또한 제4길 원효계곡길과 제5길 독수정길은 많은 문화 유적과 명소들이 주변에 즐비하여 남도 문화를 음미하고 농촌 경관을 즐기면서 걷기에 안성맞춤인 구간이다. 이 구간들은 진달래와 산꽃들이 만개하는 봄철도 좋지만, 황금벌판이 주변과 대비되어 멋진 그림을 만들어내는 가을철에 걷는 것이 훨씬 좋다.

무돌길에서 장소성을 찾는 작업

우리나라 대부분의 도시에는 크고 작은 산들이 많다. 풍수지리를 들먹일 필요도 없이, 이중환의 『택리지』에 열거된 것과 같이 예로부터 우리 조상들은 주거지를 선정하는 기준으로 지리, 생리, 인심, 산수 등 4가지를 꼽았다. 실제로 무등산과 무등산 자락을 흐르는 실개천들은 위의 3가지 조건을 충족시켜 주었고, 그래서 무등산 자락에는 크고 작은 취락들이 많이 입지했다.

과거 우리 조상들의 생활 통로였고, 생명선 역할을 했던 소로들이 연결되어 '무돌길'로 재포장되면서, 무돌길은 광주시민과 인근 주민은 물론이고 전국민에게 광주와 화순, 담양 등 무등산권의 지리·역사·문화를 알리고 이해시키는 창구 노릇을 하고 있다.

세계적으로 유명한 문화지리학자 이푸 투안(Yi-Fu Tuan)은 "장소란 인간 활동의 중심지이고, 작은 우주이며, 행동이 모이는 결절점이기 때문에 특정 장소에 열정적인 애정을 품은 사람들은 그 장소에 의미와 상징을 부여하는 행동을 한다."고 주장했다. 투안의 말처럼, 무돌길 주변에 분포하는 다양한 장소성(sence of place)을 이야기로 끄집어내고, 이들 장소에 의미성과 상징성을 부여하는 작업을 지속해 나간다면, 무돌길은 지역 사회에 새로운 장소성을 갖는 의미 있는 장소로 재탄생할 수 있다. 국내외 많은 도시와 마을에서 명품 트레킹 코스를 만들어 많은 사람들을 끌어들인 사례는 장소성의 상징화와 이를 통한 장소마케팅의 구체적인 효과라고 해도 틀리지 않다.

무돌길 15개 구간 중에는 정비가 필요한 길도 있고, 각종 정보와 이야기를 담은 표지판을 보다 많이 세워야 하는 길도 있다. 부족한 부분을 채우고, 무등산 자락의 다양한 장소들이 갖는 장소성을 이야기로 만들어낸다면, 무돌길은 광주와 전남 지역을 마케팅하는 새로운 트레킹 장소로 재탄생할 수 있다. 이러한 작업의 실현 여부는 얼마나 많은 지역민들이 무돌길에 관심과 애정을 갖느냐에 달려 있다. 무돌길을 전국민이 사랑하는 '전국구 트레킹 코스'로 만드는 작업은 전적으로 지역민의 몫이기 때문이다.

참고

＊무등산 순환버스

무등산국립공원 내 옛길과 무등산을 한 바퀴 도는 무돌길 탐방객들을 위한 순환버스다. 무등산 탐방객들에게 무등산의 다양한 모습과 탐방객 분산을 위해 광주시가 2011년부터 시작하였고, 2012년 7월 무등산의 국립공원 승격 이후 무등산국립공원사무소에서 운영하고 있다.

· 운행 기간 : 4월 1일~11월 30일 (2014년 기준, 12~3월 동계 기간은 운행하지 않음)
· 운행 시간 : 매주 토요일, 일요일 / 오전 9시, 오후 1시 (1일 2회)
· 노선 : 광주역 ⋯ 광주댐 호수생태원 ⋯ 담양남면 ⋯ 화순이서 ⋯ 증심사 주차장 ⋯ 광주역 (약 2시간 30분 소요)
· 이용료 : 2,000원
※ 이용 문의 : 무등산국립공원동부사무소 (061-371-1187)

조릿대길

원효계곡길

① ② ③ ④

싸리길

덕령길

1부

광주 북구 구간

각화동
① ....
등촌마을 정자
②
금곡마을 정자
③ ④ ⑤ ....
배재마을 정자
⑥
⑦
⑧
⑨
⑩
⑪
⑫
⑬
⑭
⑮

무돌길 여행 가이드

무등산 둘레 따라 광주, 담양, 화순 걷기

무돌길 지리기행

제1길
싸리길

각화동
각화 저수지
문화대교
들산재
신촌마을
등촌마을 정자

제1길 '싸리길'은 시작 지점에서 시화문화마을 주민들의 애향심을 담은 조형물을 볼 수 있고, 들산재를 오르내리는 길에서는 무등산 자락의 자연이 주는 포근함을 느낄

수 있다. 길은 각화중학교에서 시작하여 각화동(시화문화마을) ┄▶ 문화대교 ┄▶ 각화 저수지 ┄▶ 들산재 ┄▶ 신촌마을(석곡촌) ┄▶ 등촌마을 정자까지고, 거리는 총 3km, 시간은 약 1시간 정도 소요된다.

제1길의 시작점 각화중학교는 광주 도심에 위치하기 때문에 다른 길에 비하여 교통수단이 많은 편이다.

싸리길은 산, 도심 사람들의 이야기, 예술, 시골마을, 강 등 과거와 현대의 예술이 접목된 길이다. 시화가 있는 문화마을은 지역 예술인들과 지역민들, 지자체의 협조로 예술 작품들이 곳곳에 설치되어 있어 걷는 길이 한층 즐겁고, 들산재 산책로에서 자연이 주는 평안함을 오감으로 느낄 수 있다. 또한 신촌마을로 접어들어 마을 곳곳에 남아 있는 유적을 구경하고 청풍 무돌 동동주를 맛보며 제1길 여행을 마무리하면 좋다.

주요 볼거리로는 각화동 농산물 도매시장, 각화동 석실고분, 군왕봉, 天·地·人(천지인) 문화소통길, 역사공원 등이 있다. 각화동 농산물 도매시장은 농산물을 도매로 파는 공판장으로 신선한 과일과 채소를 저렴하게 구입할 수 있다.

무돌길의 시작, 시화문화마을

각화동(시화문화마을) ─ 문화대교 ─ 각화 저수지 ─ 들산재 ─ 신촌마을(석곡천) ─ 등촌마을 정자

시화문화마을에 위치한 천의 문화소통길(↑)
시화문화마을에 남아 있는 우물(↓)

　제1길이 시작되는 각화동 시화문화마을은 사람과 예술이 만나는 곳이다. 제1길의 시작점을 가기 위해서는 각화동 한편에 있는 시화문화마을 안쪽으로 들어가야 한다.

　각화마을은 행정동으로는 문화동, 법정동으로는 각화동에 속한다. 세자봉 아래쪽에 위치하는 마을로 삼각산 아래 동네라서 '각화'라는 이름이 붙었다. 각화마을의 동쪽에는 대봉(300m)과 바탕골(288m)이 들산재로 내려온다.

각화중학교 정문에서 각화 사거리 방향으로 한 블록만 걸으면 왼쪽에 편의점이 보인다. 편의점 앞의 전봇대에는 '무돌길 4km 등촌마을'이라고 쓰인 무돌길 첫 안내 표지판이 붙어 있다. 여기서 횡단보도를 건너지 않고 왼쪽으로 바로 가면 시화문화마을로 가는 지름길이다.

이 지름길로 들어서기 전에 횡단보도를 건너서 왼쪽으로 돌면, 담에 '詩畵(시화)가 있는 文化(문화)마을'이라고 적힌 '天(천)의 문화소통길'이 보인다. '천의 문화소통길'에서는 무등산에서 흘러오는 실개천을 중심으로 깔끔하게 정비된 길과 자연, 예술 작품들을 볼 수 있다. 예술 작품은 주민들의 참여가 돋보이는데, 작품 수가 많아 마치 야외 갤러리에 온 듯한 기분을 느낄 수 있다. 이 길은 시화문화마을 주민들의 산책로로도 많이 이용된다.

길의 왼쪽에 담쟁이 넝쿨이 걸려 있는 도로는 광주 시내에서 제2외곽순환고속도로로 가는 길이다. 이 길은 문화대교로 이어진다. 고가도로 뒤의 12시 방향에 보이는 봉우리는 군왕봉이다. 군왕봉의 높이는 365m로 '군왕이 나올 만한 산'이라는 뜻에서 유래하였다.

천의 문화소통길을 몇 걸음 걸으면 좌측 고가도로 밑에 여러 조형물과 별자리 학습장이 보인다. 고가도로 바로 밑에는 인공으로 조성해 놓은 물을 담은 돌과 시가 적힌 비가 있다.

제1길의 진짜 시작점으로 가기 위해서는 왼쪽으로 방향을 틀어야 한다. 여기서 어느 쪽 길로 갈지 선택할 수 있다. 별자리 학습장에서 방향을 틀어도 되고, 조금 더 올라간 후에 달팽이 모양으로 된 각화마을 지도를 보고 방향을 틀어도 된다. 왼쪽으로 몸을 돌리지 않고 쭉 올라가면, 10~11시 방향에 각화동 고분을 재현해 놓은 역사공원을 볼 수 있다.

人(인)의 문화 공간으로 바뀌어 가는 문화대교

각화동(시화문화마을) — 문화대교 — 각화 저수지 — 들산재 — 신촌마을(석곡천) — 등촌마을 정자

내뿔고 기뿔희 화장실(↑)
문화대교의 전경(↓)
· 사진 제공 : 심인섭(Simpro)

별자리 학습장에서 문화대교 밑으로 가는 동안, 주변 소리에 귀를 기울여보자. 크게 귀기울이지 않아도 새들이 지저귀는 소리와 벌레 우는 소리를 들을 수 있다. 문화대교 밑으로 왼쪽에는 건물 두 개가 있고 오른쪽에는 제1길의 표지판이 있다. 왼쪽의 건물들은 시화문화마을의 마을 만들기 사업을 홍보할 시화예술관과 남도 산수화로 유명한 금봉 박행보 미술관이다.

문화대교에서 각화 저수지로 이어지는 구간은 경사가 점점 급해지는 오르막이다. 오르막길을 가다 보면 건물 뒤에 야외 광장이 있다. 이곳은 아래쪽 건물과 함께 天·地·人(천지인) 문화소통길 중, 人(인)의 문화에 해당한다. 화장실을 가려면 야외 광장에 있는 '내뿔고 기쁠희' 화장실을 이용하면 된다. 언뜻 보면 화장실로 보이지 않을 만큼 멋지고, 외형만큼 내부도 깨끗하다. 오르막을 계속 가면 도로가 끝나고 바위가 많은 각화 저수지로 이어지는 길이 보인다. 바위가 많은 길의 시작에는 무돌길 탐방안내소가 있다.

사계절의 멋을 지닌 각화 저수지

문화대교를 지나 오르막을 올라가면 소담한 크기의 각화 저수지 경관이 한눈에 탁 트인다. 각화 저수지는 주변이 도시화되면서 수년 전 저수지의 기능을 잃었고, 현재는 그 명칭만 남아 있다.

이곳에서는 각화마을의 경관을 조망할 수 있는데, 주변 경관이 화려하여 꽃이 피는 3~4월에 여행을 간다면 저수지 옆에 만발한 벗꽃과 개나리의 형형색색 아름다운 모습을 볼 수 있고, 여름에는 짙푸른 수목의 녹음을 만끽할 수 있다.

길은 잘 관리되고 있는데 반해, 현재 각화 저수지는 관리가 잘되고 있지 않은 느낌이다. 곳곳에 사람들이 버리고 간 쓰레기가 보이고 저수지의 수질 또한 좋지 않다. 현재 이곳은 시화마을 호수공원으로 조성할 계획을 세우고 있다.

각화 저수지가 끝나는 저수지의 상류 부근에 등촌마을이 3km 남았다는 이정표가 보인다. 이정표가 가리키는 방향으로 몇 걸음 가면 왼쪽으로 정자가 보이며, 이곳에서 각화 저수지 길은 끝이 난다.

각화 저수지가 끝나는 지점에서 길은 네 갈래로 나뉜다. 왼쪽 길은 개인 소유의 밭으로 가는 길이고, 앞의 길에는 꽃과 운동기구가 보이는데 이곳은 군왕로로 가는 길이다. 오른쪽 길은 들산재 산책로이다. 이곳에서 고개를 오른쪽으로 돌리면 들산재 산책로를 알리는 돌과 산책로 이용 주의사항 안내판, 멧돼지 조심 안내판, 민원함 등을 볼 수 있다.

5월 말의 각화 저수지 전경

자연이 주는 감동을 선사하는 들산재

각화동(시화문화마을) — 문화대교 — 각화 저수지 — 들산재 — 신촌마을(석곡천) — 등촌마을 정자

들산재 오르는 길

들산재는 각화동에서 청풍동으로 넘어가는 고개로, 싸리가 많아서 '들 싸릿재'로 불리기도 한다. 싸리는 옛날 각화마을 사람들의 주 수입원이었는데, 각화마을 사람들이 싸리를 채취하기 위해 넘어 다니던 길이 바로 들산재이다. 싸리나무는 연기가 많이 나지 않아 땔감으로 사용되기도 하였으나, 주로 빗자루 등 생활용품을 만드는 데 많이 사용되었다.

들산재 산책로의 초입에는 왼쪽 아래 무등산 자락을 타고 내려오는 물길이 있다. 물길을 따라 가면 왼쪽으로 보이는 텃밭이 '시화텃밭'이다. 텃밭이 보이는 길에서는 다시 한 번 귀 기울여 자연의 소리들 들어보자. 산책로의 초입이 산길이어서, 시원한 바람에 흔들리는 수많은 나뭇잎 소리가 청량감을 준다. 들산재 쉼터를 향해 가는 길은 가끔 돌멩이가 튀어나와 있긴 하지만 잘 정리되어 있는 편이다.

들산재 쉼터로 가는 길의 왼쪽에 조성된 시화텃밭은 지역 주민이 무상으로 지원한 2,642m²의 땅과 주변 유휴지를 이용해 가꾼 주말농장이다. 이곳은 주민들 간의 지역 공동체 활성화를 유도하고 가족 간의 화합을 주도하여 아름다운 마을을 이루는 데 기여하고 있다. 또한 지역 아이들에게 자연 체험의 장 및 여러 프로그램을 열어 자연의 소중함을 자연스럽게 알리는 목적으로 이용되고 있다.

〈시화텃밭의 프로그램〉
- 농작물 재배 체험 학습
- 백일장 및 사생대회 개최
- '허수아비 만들기' 체험 학습

봄이 오는 들산재
• 사진 제공 : 심인섭(Simpro)

- 시화텃밭 신문(연 1회 발간)
- 울타리 설치 및 1년 단위 분양, 가족 텃밭 푯말 사업

    들산재 산책로 입구에서 3분 정도 가면 7걸음으로 건널 수 있는 작은 다리와 들산재 쉼터가 나온다. 들산재 쉼터에는 3개의 벤치와 10그루의 나무가 있다. 돗자리를 가지고 온 사람들은 이곳에서 돗자리를 펴고 쉬어도 좋다. 들산재 쉼터의 벤치에 앉아 잠시 주변을 둘러보면 자연 속에서의 한가로움을 느낄 수 있다.

    들산재 쉼터에서 나오면 약 40걸음 떨어진 장소에 무등산 국립공원 안내판이 보인다. 이곳부터 들산재로 향하는 20분 동안은 오르막의 연속이다. 이 오르막은 집 근처의 산을 오르는 듯한 느낌이 든다. 바위가 많고 나무뿌리가 땅 위로 드러나 있는 등 길이 험한 편이기 때문에, 평평한 평지를 생각하고 왔다면 당황할 수 있다. 길을 걷다 보면, 길의 경사가 점점 가팔라지고 폭이 점차 줄어들어 두 사람이 함께 지나가기에는 조금 곤란한 좁은 오솔길이 나온다.

    들산재 쉼터에서 3분 정도 지나면 가파르던 경사가 완만해진다. 오른쪽으로 고개를 돌리면 산사면의 나무들이 보인다. 다시 고개를 정면으로 돌리고 5분 정도 걷다 보면 39개의 나무계단이 보인다. 나무계단을 올라가 오른쪽으로 이어진 길을 따라 가면 길의 오른쪽에 하늘로 시원하게 뻗은 편백나무 숲길이 나온다.

    편백 숲길에서는 잠시 걸음을 멈추고 숨을 크게 들이쉬어 보자. 편백나무들의 수령이 얼마 안 돼 보이지만 향기를 제법 많이 내뿜어서 마치 자연 휴양림에 온 듯한 느낌이 든다.

들산재 쉼터 푯말

　벌레들이 우는 소리를 들으며 편백나무 숲길을 10분 정도 걸으면 들산재 정상이 보인다. 들산재 정상에는 네 갈래 길이 있다. 왼쪽은 바탈봉으로 가는 길이고, 앞의 길은 신촌마을과 이어진 길이다. 오른쪽은 군왕봉과 이어진 길인데, 이 지점은 등산로와 교차되는 지점이다. 따라서 길을 잃지 않도록 무돌길 방향을 잘 찾아야 한다.

　들산재 정상에는 데크가 설치되어 있는데, 이곳에 올라서면 무등산의 3대 정상인 천왕봉과 지왕봉, 인왕봉을 포함하여 정상 왼쪽의 북봉과 오른쪽의 서석대와 중봉을 한눈에 볼 수 있다.

　데크 밑으로 연결된 내리막길을 통해 가면 다음 코스인 신촌마을에 다다를 수 있다. 약 7~8분 잡목길 사이를 걸어 내려오면 신촌마을−석곡촌−등촌마을−덕봉산이 하늘 길로 이어진 전경이 보인다. 도심에서는 볼 수 없는 경관에 마음을 뺏기다 보면 산길이 마을길로 바뀐다. 개인 소유로 보이는 밭을 지나면 오른쪽으로 마당이 넓은 건물이 한 채 보인다. 이곳은 성전 국악전수관으로, 가야금 병창인 성전 문명자 선생이 후학을 가

르치는 곳이다. 운이 좋다면 우리 흥이 넘치는 국악 소리를 듣는 행운을
누릴 수 있다.

무등산 자락의 전원 주택지로 소문난 '청풍동 신촌마을'

성전 국악전수관에서 내려오면, 마을 앞에 흐르는 샛강 앞에서 네 갈래
길이 나온다. 오른쪽으로 강을 따라 이어진 집들 사이로 멋진 한옥이 하
나 있다. 이 한옥은 함평 이씨의 재실인 동촌재이다.

함평 이씨는 오치동에 모여 거주하는데 묘지가 있는 장소가 신촌마을
이어서 신촌마을에 제각을 지어 놓았다. 그러나 문이 잠겨 있기 때문에
안으로 들어갈 수는 없고 겉모습만 감상할 수 있다.

신촌마을은 약 60세대가 모인 아기자기한 멋을 지닌 마을로 남평 문씨
의 집성촌이다. 마을 어귀에는 남평 문씨의 유적인 균산정, 죽파재, 괴양
정, 서석단, 문동길 지사 공훈비가 있다. 그러나 현재 많은 사람이 도시로
떠났고, 외부인들이 유입되어 남평 문씨 못지않게 다른 성씨를 가진 주민
들도 많이 거주하고 있다.

석곡천 앞에는 공원이 조성되어 있는데 그 공원에 당산나무와 호랑바
위가 있다. 석곡천은 제4수원지에서 나오는 강줄기 중 하나로 하류는 영
산강으로 이어져서 황해 바다로 흘러간다. 신촌마을의 이름에서 의미하

함평 이씨 재실

는 강과 새 도로명 주소인 신촌샛강길이 의미하는 강은 바로 이 '석곡천'
이다.

  예전에 석곡천은 주민들이 모여 여름이면 다슬기를 잡아먹고 가을이면
미꾸라지를 잡아 추어탕을 끓여 먹던 주민들의 희로애락이 담긴 공간이
었다. 그러나 2011년 석곡천 생태하천 조성 공사가 시작되면서 예전의 마
을 풍경은 볼 수 없게 됐다.

  이에 신촌마을 주민들은 자체적으로 하천을 가꾸기 위한 방안을 마련
하였다. 2013년에 주민들이 직접 비용을 부담하여 바람개비 400개를 마
련하였고, 바람개비에는 주민들의 소망과 다짐을 일일이 써서 석곡천 자
전거 도로에 설치했다.

  석곡천 위에는 일명 석곡수원지라고도 불리는 제4수원지가 있다. 제4
수원지는 원효계곡과 화암봉에서 흘러내리는 물을 받는 수원지로 등촌마

을과 신촌마을의 양쪽 산허리를 이어 둑을 쌓은 것이다. 1962년 8월에 착공된 광주시민의 '원로 식수원' 중에 하나로, 저수량은 148만 톤이다.

조금 더 가다 보면 제4수원지를 건너가는 청암교가 보이고 그 정면에 산바람, 물바람이 만나 푸른 바람이 되는 청풍쉼터가 보인다. 청풍쉼터는 잔디밭, 체육시설, 놀이터 등을 갖추고 있는 휴양 공간으로 아이들의 소풍 장소로도 제격이다. 여름철에는 한 보따리씩 먹을거리를 싸 들고 나들이 오는 가족들의 행렬이 줄을 잇는 곳이다.

이곳에는 평생을 방랑하며 가는 곳마다 풍자시를 남긴 불우 시인 김삿갓(김병연)의 시비가 있다. 또 왼편으로 가면 시가문화권이 있으며 오른쪽으로 가면 충민사, 충장사를 거쳐 무등산장으로 오르는 길이 나온다.

청풍쉼터를 지나 도로의 표지판을 따라 15~25분 정도 걷다 보면 청소년 전용 청풍학생야영장이 있고, 그 앞에 형형색색 돌담이 아름다운 등촌마을이 보인다.

＊금봉 박행보의 금봉미술관

박행보는 '금봉'이라는 호를 가진 사군자, 문인화, 산수화, 수묵화 등을 그리는 문인화가이다. 박행보는 은사인 의재 허백련의 작품 세계를 바탕으로 새로운 자신만의 작품 세계를 창조하였다. 이는 그의 산수화에서 확인할 수 있다. 산수화를 보면 스승이 즐겨 쓰는

시화예술관과 금봉미술관

미점이나 피마준 같은 요소는 그대로 이어져 사용하고 있으나, 독특한 운염법과 안온한 격조를 바탕으로 한 자신만의 작품 세계를 보여준다.

그는 1935년 6월 26일 전라남도 신도군 군내면 신동리에서 태어났다. 1986년 호남대학교 미술학과 전임강사를 시작으로 교수로 재직했다. 본격적인 창작 활동을 위해 1991년 교수직을 사임했다. 2003년, 문화 예술 발전에 공을 세워 국민 문화 향상과 국가 발전에 기여한 공적이 뚜렷한 자에게 수여하는 훈장인 옥관문화훈장을 받았다. 홈페이지(www.parkhaengbo.com)에서 작가의 작품 세계를 살펴볼 수 있다.

＊각화동 석실고분

각화동 석실고분

각화마을에는 북쪽으로 이어지는 호남 정맥의 군왕봉에서 서쪽으로 내려가는 능선 말단부에 마한 시대의 문화재로 추정되는 2기의 고분이 있다.

각화동 1호분은 군왕봉에서 대봉을 거쳐 이어진 진등 끝자락에 자리 잡

고 있었으나 농수산물 도매시장 부지에 포함되면서 파괴되었다. 1호분의 경우 1987년 광주직할시의 의뢰에 따라 향토문화개발협의회에서 실시한 조사에 따르면, 직경 15m, 높이 4m 정도의 분구가 있었으며 지상의 분구에 석실이 있었을 것으로 추정된다.

2호분은 직경 12m, 높이 2.2m 정도로 원형을 띠고 있다. 석실에서 출토된 유물들로는 개편, 토기저부편, 철촉이 있다. 개편과 철촉은 초장 시의 부장품으로 추정되며 토기저부편은 추가장 시의 부장품이거나 1차 도굴 시 유입된 것으로 알려져 있다.

* 성전 국악전수관

성전 국악전수관

성전 국악전수관은 광주광역시 무형문화재 제18호(2005년 3월)로 등재된 가야금 병창의 고수인 성전 문명자 선생이 후학을 가르치는 곳이다. 2010년 4월 16일에 개관하였다. 문명자 선생은 조선 순조 때 처음 시작되어 오태석, 박귀희, 안숙선(중요무형문화재 제23호 가야금 산조 및 병창 예능 보유자)으로 이어지는 가야금 병창의 맥을 잇고 있고 전승에 힘쓰고 있다.

가야금 병창은 광주광역시 일원에서 전승되고 있는 남도 음악의 연주 형태 중 하나로 일명 '석화제'라고도 한다. 가야금 병창은 민요나 단가, 판소리 일부 대목을 가창자가 직접 가야금을 연주하면서 부른다. 가야금 병창은 계면과 평조를 아우르고 강약과 완급을 조절하며 부르기 때문에 그 흥에 빠지면 헤어나기 어려운 매력이 있다.

* 균산 문용현의 균산정

균산정은 남평 문씨 신제공파 소유의 선산 밑에 위치한 정자이다. 정자 뒤에는 나지막한 산이 있고 앞에는 석곡천이 있어 전형적인 배산임수의 지형에 위치해 있다. 이 정자는 1921년 이 마을 출신 해사 문인환이 주변 사람들의 협력을 얻어 창건하였다. 그 후 1961년 지붕의 개와 작업을 거쳐서 오늘날까지 이어지고 있다. 해사 문인환은 한말 출신의 이 지역 선

비로 문행이 높을 뿐 아니라 남평의 향사
건립 및 서석단 축조 등에도 공헌한 사람
이다.

그가 이 정자를 지은 이유는 그의 선친인
균산 문용현의 유지를 받들기 위함이라고
한다. 그래서 정자의 이름도 선친의 호를
따서 '균산정'이라 이름 붙였다.

균산 문용현의 뜻이 담긴 균산정

'균산'이란 추운 겨울의 눈보라에도 대나무의 살갗처럼 그의 절개가 변치 않음을 뜻한다.
성전 국악전수관의 문하생들이 비정기적으로 균산정 앞의 공원 정자에서 신촌마을 주민들
을 대상으로 국악 공연을 하기도 한다.

＊죽파재, 서석단, 괴양정

균산정의 주변에 석축 토담이 있고 왼쪽
으로 10m 정도 올라가면 죽파재가 있다.
죽파재 위에 서석단이라는 단소가 있고,
아래의 비암술산 계곡 위에는 괴양정이
있다. 이 세 가지는 모두 남평 문씨 집안의
유적들이다.

죽파재라는 문각은 균산 문용현이 후학을
배출한 당시의 처사이다. 균산정과 마찬
가지로 해사 문인환이 세운 건물이다. 죽
파재 위에는 괴양정이 있으나 현재 건물
의 반 이상이 무너져 형체를 알아보기 힘
들다.

❶. ❷ 서석단 | ❸ 괴양정

✳ 신촌마을 당산나무

신촌마을 당산나무

균산정에서 석곡천을 건너면 위풍당당한 느티나무들이 떡 버티고 서서 마을 입구임을 알리고 있다. 여러 그루의 느티나무 중 할아버지 당산이라 불리는 나무가 있다. 이 나무의 수명은 400년 이상으로 마을의 역사를 함께하고 있다.

바로 곁에는 조금 작은 느티나무가 당산을 이루고 있는데 이 두 나무 사이에 2개의 입석이 있다. 그중 크기가 좀 더 큰 입석은 인공으로 다듬은 흔적이 있으며 높이는 약 130cm이다. 몇 년 전까지는 이곳에서 당산제와 함께 정원 대보름날 제사를 지내고 음식을 입석 아래에 묻는 지신제를 지냈다. 그러나 현재 지신제 풍속은 없어졌다.

✳ 신촌마을 호랑이바위

신촌마을 호랑이바위

신촌마을 호랑이바위에는 내려오는 전설이 있다.

옛날 이 마을 앞을 지나는 중이 있었는데, 마을 청년 몇 명이 그를 잡아 도둑 누명을 씌워 가두고 며칠을 굶겨서 결국 죽게 만들었다. 이 소식을 들은 그 절의 주지가 허름한 농민복을 입고 신촌마을에 갔다. 스님은 마을 어귀에서 매우 걱정스러운 표정을 지으며 "마을 앞에 있는 호랑이바위 때문에 얼마 안 가서 흉년이 들고 각종 질병과 재앙이 닥쳐 굶어 죽는 자가 많고 선비들도 공부가 제대로 되지 않을 것이다."라고 마을 사람들에게 말했다.

마을 사람들은 스님의 말을 괘씸하게 생각하면서도 한편으로는 걱정이 되었고, 급기야 마을 어른들이 모여 의논을 했다. 그 결과 스님에게 재앙을 면하기 위한 방법을 물어보기로 논의를 거치고, 스님에게 그 방법을 물었다.

스님은 "호랑이바위를 불에 태워 두 동강을 내면 마을이 재앙을 면할 것이다."라고 말하고는 사라져 버렸다.

마을 사람들은 스님의 말대로 하기로 하고, 산에 가서 땔감를 해 와서 바위 밑에 놓고 열심히 불을 지펴 호랑이바위를 두 동강 내었다.

그런데 얼마 지나지 않아 이 마을에 이상한 일이 일어나기 시작했다. 잘 자라던 농작물이 갑자기 죽고 각종 질병이 마을에 퍼져 동네 청년들이 죽는 등 폐촌 위기를 맞게 된 것이다. 그제야 마을 사람들은 자신들이 속았다는 것을 깨달았고, 바위를 돌로 괴어 옛 모습으로 되돌려 놓았다. 그리고 마을 사람들은 도둑 누명을 쓰고 죽은 중을 위로하기 위해 재물을 모아 제를 지내고 명복을 빌었다.

그 후부터 신촌마을에는 재앙도 없어지고 다시 풍년이 들었으며, 과거에 급제하는 젊은이가 다시 나오기 시작했다고 한다.

＊아기자기한 멋의 골목 미술관

시화문화마을 사람들은 골목에 있는 벽화를 흔히 '골목 미술관'이라고 한다. 이는 2010년 만인보 비엔날레 당시 시민 참여 프로그램으로 기획되어, 전남대학교와 조선대학교 학생들이 그린 그림이다. 대학생들이 참여하여 벽, 대문, 하수도, 가로등 등 볼품없고 초라한 곳을 붓과 물감으로 아름답게 탈바꿈해 놓은 것이다.

아기자기한 그림들이 많기 때문에 많은 사진 애호가들이 사진을 찍기 위해 일부러 찾아오는 장소이고, 가족과 친구들이 함께 걷는 산책 코스이다.

그렇지만 아쉽게도 지금 대부분의 가구는 폐가이며 재개발이 예정되어 있어서 앞으로 본격적으로 재개발이 시작되면 사람들의 기억 속 풍경으로 사라질 것이다. 사라지기 전에 친근한 풍경을 눈과 마음속에 담아 두자.

＊제4수원지

제2길의 시작 부분인 청암교를 지나 옆을 보면 사방으로 잔잔하게 뻗어 있는 물인 제4수원지가 보인다. 일상생활에 지쳐 마음이 싱숭생숭할 때 이곳을 찾는다면 제4수원지의 평온하

제4수원지

고 차분한 물결을 바라보고만 있어도 마음이 가라앉는 것을 느낄 수 있다.

용수량 188만 4000톤인 제4수원지는 1967년 4월에 만들어졌고, 1981년 상수보호구역으로 지정되었다. 녹지 공원을 조성하기 위해 형성됐으며, 기후, 토양 등 지정학적 특성에 따라 계곡을 막아 만든 인공호수이다. 홍수 예방, 수자원 확보, 유원지 조성 등을 통해 주민들에게 안락한 환경을 만들어준다.

＊청풍쉼터

제4수원지를 지나면 김삿갓의 행적이 고스란히 남아 있는 청풍쉼터가 보인다. 1991년에 개장하여 연중무휴 개방하고 있다. 곳곳에 김삿갓의 시비가 있으니 꼭 들러 보길 권한다.

김삿갓은 조선 후기 시인으로 속칭 김삿갓 혹은 김립이라고도 부른다. 아버지는 김안근이며 경기도 양주에서 출생하였다. 1811년(순조 11) '홍경래의 난' 때 선천 부사로 있던 조부 김익순이 홍경래에게 항복하였기 때문에 연좌제의 의해 집안이 망하였다. 당시 6세였던 그는 하인 김성수의 도움으로 형과 함께 황해도 곡산으로 피신하였다. 후에 과거에 응시하여 김익순을 비판

방랑시인 김삿갓 시비에 새겨진 시

無等山高松下在 (무등산고송하재)

赤壁江深砂上流 (적벽강심사상류)

무등산이 높다 하되 나무 아래 있고

적벽강이 깊다 하되 모래 위에 흐른다

김삿갓 시비와 시비에 새겨진 시

하는 내용으로 답을 적어 급제하였다. 그러나 김익순이 자신의 조부라는 사실을 뒤늦게 알고 난 후 벼슬을 버리고 20세 무렵부터 방랑 생활을 시작하였다. 그는 스스로 하늘을 볼 수

없는 죄인이라 생각하고 항상 큰 삿갓을 쓰고 다녀서 '김삿갓'이라는 별명이 붙었다.

전국을 방랑하면서 각지에 즉흥시를 남겼는데, 그중에는 권력자와 부자를 풍자하고 조롱한 것이 많아 민중 시인으로도 불린다. 전국을 방랑하다가 전라도 동복(현재의 전남 화순)에서 객사하였다. 작품으로 《김립시집》이 있다.

청풍쉼터 표지석

• **주소** 광주광역시 북구 무등로 1550

찾아가기

- 주소 광주광역시 북구 각화동
- 거리 / 시간 총 3km / 약 1시간 소요
- 코스 정보 각화동(시화문화마을)-각화 저수지-들산재-신촌마을-등촌마을 정자
- 화장실 제1길 시작 지점의 '내뿔고 기쁠희' 화장실
- 대중교통 버스 (각화중학교 정류장 하차) 두암81, 용전86

  (각화초등학교 정류장 하차) 금호36, 금남55, 송암74, 두암81, 용
  전86

- 맛집 / 숙박

  산수옥모밀 주소 : 광주광역시 북구 동문대로 204번길 13

  전화번호 : 062-251-3116, 062-252-3116

  정가네원조나주곰탕

  주소 : 광주광역시 북구 서하로 465

  전화번호 : 062-261-7704

Tip

- ☞ 시화문화마을 곳곳에서 볼 수 있는 각종 예술품 즐기기
- ☞ 각화동 석실고분에 올라서서 각화마을과 문화대교의 전경 감상하기
- ☞ 사계절 팔색조의 매력을 지닌 각화 저수지의 경관 구경하기
- ☞ 들산재를 오르는 동안 시각, 청각, 후각으로 자연 느끼기
- ☞ 들산재 정상에서 무등산의 3대 정상 한눈에 보기
- ☞ 남평 문씨의 유적을 볼 수 있는 신촌마을 둘러보기
- ☞ 제4수원지의 절경 감상하기
- ☞ 청풍쉼터에서 풍류 시인 김삿갓 음미하기

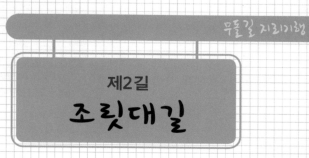

제2길
조릿대길

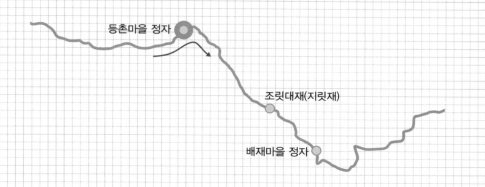

등촌마을 정자

조릿대재(지릿재)

배재마을 정자

제2길 조릿대길은 울창한 숲과 나무, 지저귀는 새들이 반갑게 맞아 주는 구간이다. 길은 등촌마을 정자에서 시작하여 ⋯▸ 조릿대재(지릿재) ⋯▸ 배재마을 ⋯▸ 배재마을 정자까

지이고, 거리는 총 2km, 시간은 약 40분 정도 소요된다.

조릿대길은 제4수원지 구간을 지나 등촌마을 정자에서 본격적으로 시작된다. 등촌마을 입구에서 땀 흘리며 찾아오는 사람들을 가장 먼저 반기는 것은 입석이다. 그리고 잠시 다리를 쉬어 가는 사람들을 위해 극락정이라는 정자가 마련되어 있다.

등촌마을은 조릿대가 유명한 마을로 조릿대로 만든 바구니, 삼태기 등을 곳곳에서 볼 수 있다. 옛날 등촌마을 사람들이 원효계곡에서 조릿대를 채취해서 마을 소득원으로 삼았던 데서 붙은 이름이다.

조릿대길이 나 있는 방향으로 가다 보면 보기에도 시원한 등촌돌샘과 아름다운 돌담길이 살아 움직여 어서 오라는 듯이 손짓한다. 그리고 조금 더 가다 보면 뒷산 길이 보이고 조릿대를 거쳐 골짜기 논길을 지나 배재마을 정자에 다다르면 제2길의 여정이 끝난다.

제2길은 산책길의 정석이라고 할 수 있을 정도로 코스가 꽤 잘 정돈되어 있다. 그리고 멋진 돌담들이 많아 심심하지 않고, 향토적인 길이어서 걷다 보면 머리가 맑아지는 것은 물론 몸까지 한껏 힐링 하고 가는 기분이다. 주요 볼거리로는 청풍학생야영장과 청풍쉼터, 충장사, 감로사, 정지 경렬사 등이 있다.

형형색색 돌담이 눈에 띄는 등촌마을

조릿대길(지릿재)

등촌마을 정자   배재마을   배재마을 정자

등촌마을 입석(↑)
등촌마을 전경(↓)

제4수원지를 지나 청품쉼터가 있는 곳의 왼쪽 도로를 따라 15~25분 걷다 보면 가장 먼저 보이는 것은 제2길의 시작점인 등촌마을이다. 제2길이 시작하는 등촌마을은 덕봉산과 마주 보고 있어 울창한 숲과 맑은 공기, 깨끗한 물, 아름다운 경관 등의 휴양지로서 기능을 갖추고 있다. 마을에서는 옛부터 조릿대로 만든 복조리로 농외 소득을 올렸었다.

등촌마을에 도착해 멀리 산을 바라보면 한눈에 보기에도 우뚝 솟아오른 356m 높이의 군왕봉이 보인다. 군왕봉은 무등산의 장원봉에서 뻗은 줄기로 이곳 산책로는 35갈래에 이르고 총길이는 40.57km이다. 그리고 이 봉은 동서남북으로 비를 내려달라고 절했던 기우제 문의 형식을 띤다. 군왕봉 아래에는 우리 교수님이 사시는 아파트가 있다.

군왕봉에 대한 정식 기록은 남아 있는 것이 없으나 광주시 일곡동에 소재한 모룡대의 모룡대기 시문에 군왕봉에 대한 지도와 설명이 소개되어 있다. 시문에는 "군왕봉의 지형을 살펴보면 그 모습이 흡사 신하들이 임금을 위하여 아침저녁으로 참모하는 형태로 되어 있다."고 기록되어 있다. 군왕봉 관련해서 재미있는 이야기도 전해 내려온다.

등촌마을에서는 다른 마을에서는 흔히 볼 수 없는 독특한 풍경을 볼 수

더 알아보기

*군왕봉 설화

1959년 6월에 가뭄이 극심했던 시기가 있었는데 이 가뭄의 원인이 "신성한 군왕봉에 누군가가 묘를 써서 가뭄이라는 재앙이 발생했다."는 소문이 돌았다.

각화마을 사람들은 가뭄을 해소하기 위해서 집집마다 50원씩 모아서 제사를 지내고 있었는데, 몇몇은 이 소문을 듣고 진상을 파헤치기 위해 군왕봉에 올랐다.

그런데 실제로 최부잣집 모친의 것으로 보이는 명정이 땅속에서 발견되었다. 사람들은 거기에 오물을 뿌리고 유유히 빠져나왔다.

그런데 신기한 것은 그 순간 비가 내리더라는 것이었다. 이 기우제 사건은 파묘 사건으로 문제가 번져, 기우제를 주관했던 사람들이 조사를 받는 곤욕을 치르기도 했다.

하지만 긴 단비 끝에 가뭄이 끝나고 기우제 덕을 본 마을 사람들이 제주와 친인척을 위로하는 행사를 가지면서 일단락되었다.

있다. 마을 입구에 마을을 표시하고 알리는 입석이 세워져 있다. 본래 '입석(선돌)'이란 자연석이나 약간 다듬은 돌기둥을 땅 위에 하나 또는 여러 개를 세워, 신앙의 대상으로 삼거나 지역 경계의 표지로 세운 것으로 알려져 있다.

등촌마을의 입석은 선사시대에 세워진 것으로 전해지고 있다. 한국전쟁 이전까지는 입석 자리에서 당산제를 지낸 것으로 전해지지만, 안타깝게도 정확한 관련 자료는 남아 있지 않다.

광주시에는 이렇듯 선돌이 세워져 있는 마을이 많다. 대표적인 것이 광주광역시 광산구 봉량입석길 24(산수동 225)의 개인 주택 마당에 위치해 있는 광주시 민속자료 제5호로 지정된 입석이다. 황룡강 근처에 위치한 입석마을의 선돌은 마을 가운데에 있는 오형렬 씨의 집 마당에 세워 있다. 크기는 높이 230m, 두께 40cm, 너비 75cm이다. 석재는 화강암이며, 생김새는 위는 좁고 아래는 넓다. 특히 위에서 32cm, 아래에서 40cm의 중앙부는 인위적으로 4등분 되었다. 하부는 선돌을 세울 때 보강하기 위하여 깊이 1~1.5cm의 두께로 흙과 크기 10~20cm의 활석을 섞어 내부를 다졌다.

이러한 형태의 선돌은 전라남도 지방에 많이 분포한다. 대부분이 널돌 형태이거나 돌과 돌이 자연적으로 끼워져 음과 양의 조화를 이루는 데 비해, 이 마을의 입석은 인위적으로 다듬어 만들어진 것이라 더욱 놀랍다.

마을에는 청소년을 위한 청풍학생야영장이 있어 자연 속에서 하루를 묵고 싶다면 시설을 이용해 보는 것도 좋다. 포도의 계절과 마침 때를 맞춰 방문한다면 청풍포도농장에 들러 보자. 조용한 사찰에 가고자 한다면 조계종 사찰 감로사가 있다.

제2길의 꽃, 조릿대길

조릿대길(지릿재)

등촌마을 정자

배재마을

배재마을 정자

등촌마을에서 예쁜 돌담 집들이 있는 방향을 따라 오른쪽 길로 계속 가다 보면 제2길의 꽃이라고 할 수 있는 조릿대길이 나온다. 조릿대길로 가는 도중에 만날 수 있는 가지각색 개성 만점의 돌담들을 천천히 즐기면서 걸어보자.

조릿대길은 살짝 경사진 오르막길과 돌들이 곳곳에 있어 처음에는 조금 힘들 수도 있다. 하지만 20분 정도 걸어가면 평지에 이르고 보너스로 울창한 숲이 반갑게 맞아 준다.

이 숲길은 사방이 울창한 숲으로 둘러싸여 있어 마치 정글에 온 것 같은 기분이 든다. 숲 내음도 매우 좋아 마치 공기청정기를 100대 이상 켜 놓은 듯하다. 현대를 살아가는 우리는 어쩔 수 없나보다. 이렇게 좋은 자연을 마주하고도 기껏 문명의 이기인 공기청정기에 비유를 하다니….

그윽한 풀 냄새는 새삼 자연의 소중함을 깨닫게 한다. 주변에는 조릿대가 많아 채취해서 차로 달여 마시고 싶은 기분마저 들었다. 조릿대는 지용성 비타민인 비타민K가 풍부하고 다양한 약리적 효능이 있다고 알려져 있다. 조릿대를 끓여서 마시면 해열에 도움이 되고, 이뇨 작용을 촉진시키는 효능도 있다고 한다. 이 밖에 혈당을 조절하는 역할과 불면증, 입술 주위의 염증, 피부염에도 좋다. 또한 살균 효과가 있어서 무좀 치료에 좋고, 가래를 없애는 효과 때문에 호흡기가 약한 사람이 먹으면 좋다.

조릿대길은 옛날 등촌마을 사람들이 원효계곡 쪽에서 조릿대를 채취하며 넘어 다니던 길이라는 뜻에서 자연스럽게 붙은 이름이다. 옛날 등촌마을 사람들에게 조릿대는 생계 수단이었다. 마을 사람들은 채취한 조릿대를 이용하여 복조리, 바구니 등을 만들어 서방, 양동시장 등에 내다 팔아 돈벌이로 삼았다고 한다. 한때 마을 사람들 생계의 중심에 있던 조릿대가 판로를 잃게 되자, 이제는 조릿대와 뽕나무 잎으로 만든 '뽕잎된장'으로 수익을 올리고 있다.

이 조릿대길은 하얀색 흙이 많이 덮여 있어 일명 '백토재길'이라고도 부른다. 길은 폭이 약 1.5m로 조금 협소한 듯 보인다. 옛날에는 우마차도 다녔던 넓은 길이었는데, 마을에서 공간을 넓히려고 공사를 하면서 좁아졌다.

조릿대길을 걸으며 자연도 만끽하고 건강에 좋은 조릿대의 기운도 한

편안한 시골길 정취가 물씬 풍기는 조릿대길

껏 빨아들이는 일석이조의 산책길을 즐길 수 있다. 15분 정도 좀 더 가다 보면 골짜기 논길이 보이고 곧이어 배재마을이 나온다.

김덕령으로 시작해 김덕령으로 끝나는 배재마을

조릿대길(지릿재)　　　　　　　　　　　　　　배재마을 정자

등촌마을 정자　　　　　　　　　　　배재마을

배재마을 정자
• 사진 제공 : 심인섭(Simpro)

　조릿대길을 지나 걸어가면 배재마을에 다다른다. 배재마을에는 임진왜 란 때 왜병을 격파하는 데 혁혁한 공을 세운 김덕령 의병장의 사연이 많이 깃들어 있다. 김덕령의 이름을 딴 덕령길이 있고, 충장사 등 김덕령과 관 련된 사적, 유적 등이 있다. 특히 배재마을의 마스코트 충장사는 김덕령 장군을 비롯해 혈족인 충장공 집안의 묘 13기가 있다. 광주의 '명동'이라

*충장사 달걀 전설

배재마을의 충장사에는 달걀 전설이
전해져 내려온다. 옛날에 성안마을에
는 아내와 사별한 김문손이라는 사람
이 혼자 농사를 지으며 살고 있었다.
어느 날 늦은 저녁 한 젊은이가 찾아
와 농사를 도와주는 대신 여기에서 살

충장사 • 사진 제공 : 심인섭(Simpro)

게 해달라고 청했다. 혼자서 농사일을 하기 힘들었던 김씨는 젊은이의 청을 기꺼
이 받아들였다.

그렇게 함께 지낸 지 한 달쯤 되었을 때, 김씨는 젊은이가 매일 밤 저녁을 먹은
뒤 달걀 하나를 가지고 몰래 집을 나가 밤늦게 들어오곤 하는 것을 알았다.

이상하게 생각한 김씨가 그 뒤를 따라가 보니 젊은이가 어떤 곳에 이르러 '회룡
고조지명혈'이라고 하면서 그 땅에 달걀을 묻고 소리가 나는지 귀를 대보는 것이
었다.

이 광경을 몰래 지켜본 김씨는 옛날에 언뜻 책에서 읽었던 '회룡고조지명혈'에 대
해 기억이 났다. 그것은 곧 "꿈틀거리는 용이 할아버지를 돌아보는 형국으로 이
땅에서 충효를 겸비하고 지혜와 용기를 갖춘 위대한 장군이 나온다."는 뜻이었다.
그제야 주위를 둘러보니 과연 명당이었다.

다음 날 젊은이는 고향에 있는 부모를 뵈러 장시
간 여행을 다녀오겠다고 하면서 꼭 다시 돌아오겠
다고 하였다.

김씨는 '이렇게 좋은 기회가 있나' 하며 속으로 쾌
재를 부르며 젊은이에게 여비를 두둑이 챙겨 보냈
다. 그러고 나서 죽은 아내의 묘를 명당에 이장하
였다.

충장사 김덕령 장군 액자 • 사진 제공 : 심인섭(Simpro)

일 년 후 그 젊은이는 돌아와 자신이 봐 둔 명당을 찾아가 보았지만 크게 경악할
수밖에 없었다. 그곳에는 이미 다른 사람의 묘가 생겨 있었던 것이다. 김씨를 찾아
와 어떻게 된 일이냐며 따져 묻자, 그는 "내 아내 묘를 이장했소."라고 말했다.

그러자 젊은이는 "어른께서 잡은 묘라면 할 수 없지만 사실 나는 조선 사람이 아
니라 중국 사람인데 일찍이 중국에서 도를 닦다가 동방의 조선에 '회룡고조지명
혈'이 있다는 천기를 터득하게 되어 그 길로 조선국에 온 것이다. 10년을 헤맨 끝
에 그 자리를 찾게 되었고, 이제야 겨우 조상의 유골을 모셔 왔는데 이렇게 빼앗
기다니 허무하다."고 하며, 덧붙여 "이 묘는 '장군 대좌'로서 조선 사람이 이 자리
에 묘를 쓰면 비록 후대에 신장이 나기는 하나 천하에 가서는 뜻을 펴지 못할 것
이다. 중국 사람이 이 자리에 묘를 쓰면 세상 천하에 뜻을 펴니 양보해 달라."고 애
원했다.

그러나 김씨는 이를 단호하게 거절했다. 그 묘소가 바로 충장공 김덕령 장군의 고
조모 광산 노씨의 묘이다.

고 하는 '충장로'의 명칭은 김덕령 장군의 시호인 '충장공'에서 유래한다.
충장동, 충장중학교 또한 마찬가지이다.

배재마을에 있는 지금의 충장사는 충장공의 고향인 성안마을과는 약
4km 떨어진 거리에 있다. 지금은 성안마을을 충효리라고 부르는데 이는
정조 임금 13년에 충효를 기리는 뜻에서 바꾸었다고 전해진다.

맑고 드높은 하늘을 벗 삼아 걷다 보면 어느새 분토마을에 도착한다.
'분토'는 무등산에서 내려다보는 형국이 마치 '토끼의 발' 모양과 비슷하
다고 해서 지어진 이름이다.

마을에 들어서자마자 가장 먼저 눈에 띄는 것은 아름드리 나무이다. 수

령이 오래된 나무들이 많은 듯하다. 나무들은 각각 전설이 있는데 마을 이장이 들려준 전설 하나가 인상 깊다. 마을에 술주정꾼이 살았는데 수령이 300~400년 된 팽나무에서 신령이 나타나 그를 꾸짖은 뒤에 마을이 평화로워졌다는 재미있는 전설이다.

마을 안쪽으로 들어가면 석수 경로당이라는 현판이 걸려 있는 곳이 있다. 이곳은 노인들이 쉬면서 사교를 나누는 공간이다. 시간대가 그런 것인지 원래 그런 것인지는 알 수 없지만, 의외로 경로당에는 사람도 적고 한산해 보였다. 마을에는 약 125가구가 살고 있는데 노인들이 주를 이룬다. 일제강점기 때부터 서로 의지하며 살아가고 있는 노인들이 많고 장수하는 어르신 중에서 최고령자는 104세 할머니다.

힘들 때는 어깨를 내주어 의지하게 해 주고, 강한 햇빛과 눈비가 올 때

분토마을 전경

면 그늘과 보호막이 되어 주는 배재마을의 나무들은 자연이 준 최고의 선물이다. 그 주변에는 빨강, 노랑, 보라색으로 활짝 웃는 꽃들이 있다.

우리의 인생은 짧은 기간에 승부가 나는 것이 아니라서 마라톤을 달리듯 길게 보고 살아가야 한다. 마라톤을 반도 달리지 않았는데, 이미 지쳐 있다면 남은 반은 끝을 알 수 없게 된다. 그래서 가끔은 일상을 벗어나 부정적인 에너지는 쏟아내고, 새로운 에너지를 흡입하는 시간을 가져야 한다. 제4수원지의 흐르는 물은 마음을 어루만져 주어 편안함을 느낄 수 있다. 그리고 나면 긍정적인 기운이 넘쳐흘러 발걸음도 가볍게 다시 일상으로 돌아가게 될 것이다.

* 감로사

2006년에 건립된 조계종 사찰로, 역사는 얼마 되지 않았다. 사찰 주지는 "감로사는 부처님의 말씀을 배우는 곳"이라며 "부처님의 가르침은 법등명과 자등명인데 법등명은 부처의 가르침을 등불로 의지하며 수행하고, 자등명은 자신의 마음을 다스려 수행하는 것

감로사 대웅전

이다. 우리는 이러한 부처님의 기초적인 가르침인 법을 의지하고 변하지 않는 인간의 본성을 다스리는 것을 목적으로 하고 있으며, 많은 사람들이 주말마다 와서 배우며 수행하고 있다."고 덧붙였다.

감로사 대웅전 외벽에는 부처와 관련된 3가지 그림이 그려져 있다. 첫 번째 그림은 부처가 인간의 생로병사를 탐구하기 위해 출가하여 수행하는 장면을 보여 주는 것이고, 두 번째는 부처가 수행하는 중에 마귀가 달라붙는데 그들을 혼쭐내는 모습이고, 마지막으로 세 번째는 부처가 인간의 생로병사를 비롯한 모든 세상 현상들을 다 깨친 후 열반에 이른 모습을 표현한 그림을 감상할 수 있다.

* 분토주말농협농장

분토주말농협농장은 자연과 식물의 대향연을 느낄 수 있는 체험장이다. 팜스테이 농장이라고도 불리는 이곳은 경치가 좋고 일손 부족으로 농사를 짓기 힘든 경작지를 도시민에게 1년 단위로 임대하는 경작지이다.

처음 시작하는 회원은 지도교사가 와서 상세히 지도를 해주기도 하고, 안내판에 자세한 설명이 있어서 누구나 어렵지 않게 할 수 있다. 자주 오지 못하는 회원을 위해서 농장주가 채소나 과일을 대신 돌봐주기도 한다.

종자나 모종, 비료 등은 농장에서 무료로 주기 때문에 처음에는 재배가 간단한 상추, 쑥갓, 시금치 등의 채소류부터 기르고, 꽃을 좋아하는 가족은 계절마다 다른 꽃을 가꾸어 보는 것을 추천한다.

주말농장의 가장 큰 이점이라고 할 수 있는 것은 직접 기른 무공해 채소를 재배하여 식용으로 먹을 수 있다는 것이다. 주말에 시간을 내어 상쾌한 꽃 향기도 맡고 채소도 가꾸며 힐링의 시간을 가져보자!

• **재배 종류** 상추, 시금치, 쑥갓, 사과, 포도나무, 그 외 다육식물
• **요금** 3,000~5,000원

* 정지 경렬사

경렬사

정지 장군이 떡하니 자리하고 있는 경렬사로 가 보자! 경렬사는 고려 말 무신 정지(1347~1391년)를 비롯하여 정충신, 유사, 유평 등 7인을 모신 곳으로 팔현사라고도 부른다.

정지는 본관 하동(河東), 시호는 경렬(景烈)이다. 1374년(공민왕 23) 중랑장을 거쳐 전라도 안무사가 되어 왜구 토벌과 수군 창설에 이바지하였다. 이후 전라도 순문사, 해도 원수를 역임하였고 양광·전라·경상·강릉도 도지휘처치사를 지냈다. 그 뒤 김저의 옥사에 연루되어 유배되었으나 위화도 회군의 공으로 2등 공신이 되었다.

고려 말, 최영, 이성계와 함께 최고의 영웅인 정지는 수차례의 전쟁 중에 단 한 번 패배한 전투의 귀재였다. 가장 하이라이트였던 전쟁으로 관음포해전을 들 수 있다. 최무선과 함께 전선 24척으로 120여 척의 왜군을 무찔러 2,000여 명의 사상자를 낸 이 싸움은 명량해전과 함께 국민의 자긍심을 고취시킬 만한 최고의 해전 중 하나이다.

지금의 경렬사는 '정지 장군 유적보존회'에서 1979년부터 현재의 위치에 복원을 시작하여 1981년 완공하였다. 사당 뒤쪽 언덕 위에는 정지의 묘가 있는데, 전형적인 고려 시대 방식의 예장석묘로서 광주광역시 기념물 제2호로 지정되어 있다.

＊청풍학생야영장

청소년 전용 야영장으로 중고등
학생 수련회 장소로 많이 이용된
다. 청소년들의 진취적인 기상과
조화로운 인격을 수양하고, 아울
러 민주적인 사고와 독립심을 길
러 공동체 의식을 함양하여 사회
의 중요한 일꾼이 되게 하는 데 목
적이 있다. 야영장에 들어가면 세

청소년을 위한 청풍학생야영장

련된 청풍학생야영장 건물과 귀여운 운동기구들이 눈에 띈다. 다음은 청풍학생야영장의
기본 프로그램들이다.

1박2일 프로그램

인간 관계 형성 활동	자연 체험 사랑 활동	공통 활동
마음 맞추기, 협력 퍼즐, 와우! 도미노, 퀴즈 빙고!, 미니 경제 클릭!, 사랑 나누기, 촛불 고리 명상, 살신성인 피구, 팀파워 프로젝트, 전략 축구, 학교 폭력 싫어! 왜?, 사랑탑 쌓기!, 동 기선 컨트롤	하이킹, 모험·극기 활동, 국립 5·18 민주 묘지 참배, 아나바 다 장터	입·퇴영식, 한마음올림픽, 엔 터클릭! 마술, OX 퀴즈 왕, 보물 찾기, 레크리에이션 축제, 캠프 파이어

▶ 요금 : 단체 1인당 5만~8만 원, 개인 10만~14만 원

▶ 각 학교에서 입영을 신청해야 하며 2~7월, 9~12월에 수시로 프로그램이 진행된다.

• **주소** 광주광역시 북구 석곡로 118(청풍동)

- 주소 광주광역시 북구 청풍동
- 거리/시간 총 2km / 약 40분 소요
- 코스 정보 등촌마을 정자-지릿재-배재마을-배재마을 정자
- 대중교통 버스 (등촌마을 정류장 하차) 충효 187
- 맛집 / 숙박

  등촌가든　　메뉴 : 한식

  　　　　　　　주소 : 광주광역시 북구 석곡로 148

  　　　　　　　전화번호 : 062-266-0004

Tip

☞ 등촌마을 돌담길 구경하기

☞ 조릿대길 걸으며 자연의 소리와 향기 만끽하기

☞ 분토주말농장(팜스테이) 체험하기

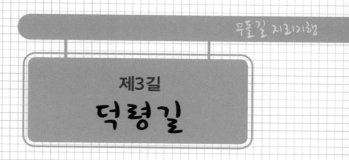

제3길

덕령길

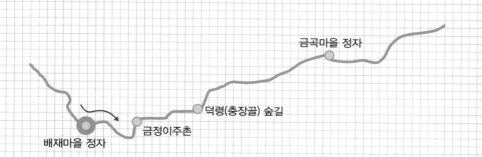

금곡마을 정자

덕령(충장골) 숲길

금정이주촌

배재마을 정자

제3길 덕령길은 이름에서도 알 수 있듯이 김덕령 장군에 관한 역사가 깃든 길이다. 경사가 심하지 않고 땅에 돌이 적기 때문에 주변 전경을 감상하면서 걷기에 더욱 좋다.

사진 제공 : 심인섭(Simpro)

길은 배재마을 정자에서 시작하여 ┅→ 금정이주촌 ┅→ 덕령(충장골) 숲길 ┅→ 금곡마을 정자까지이고, 구간 거리는 총 2.5km, 시간은 약 50분 정도 소요된다. 역사 문화 유적지나 경관 등 주변 볼거리가 꽤 많은 길이기 때문에 충분한 시간을 두고 걷는 것이 좋다.

이 길을 걸으면서 바로 인접한 충장사에 들려 김덕령 장군의 사우와 묘역, 유물을 볼 수 있으며, 흥미로운 설화가 전해지는 바위와 나무를 볼 수 있다. 또한 절개와 지조, 충심을 상징하는 소나무의 아름다움을 느낄 수 있고, 길을 걷는 내내 소나무가 함께하기 때문에 소나무의 아름다운 자태를 감상할 수 있다. 언제나 푸르고 장엄한 모습을 하고 있는 소나무가 김덕령 장군을 떠올리게 한다.

주변의 주요 명소로는 충민사와 분청사기전시관과 충효동요지, 풍암정 등이 있다. 모두 역사적으로 의미 있는 곳이므로 둘러본 다음 길을 가는 것도 좋다. 충장사가 김덕령 장군을 기린 곳이라면, 충민사는 전상의 장군을 기리기 위해 사당과 유물, 유품 등이 전시되어 있는 곳이다. 시립민속박물관에서 관리하는 분청사기전시관과 도요지는 고려 말부터 조선 초까지의 분청사기와 이후의 백자가 전시되어 있다. 해설사와 함께 관람하며 도자기가 만들어지는 과정과 도자기에 담겨 있는 장인 정신과 역사를 경험할 수 있는 곳이다. 풍암정 역시 '광주 북구 8경' 중 6경에 해당할 정도로 아름다운 경관을 자랑한다.

〈광주 북구 8경〉
- 무등산
- 국립5·18민주묘지
- 중외공원문화벨트
- 충효동 왕버들과 호수생태원
- 원효사
- 환벽당·풍암정
- 말바우시장
- 광주 기아 챔피언스 필드

걷는 도중에 배가 허전하다면 금정이주촌에 있는 옻닭과 도토리묵 등을 파는 식당에서 배를 채울 수 있다. 하룻밤 마을에서 머물고 싶은 사람들을 위해서 민박도 잘 갖추어져 있다.

길도 넓고 고른 편이기 때문에 남녀노소 누구에게나 무리가 없는 길이다. 자녀를 동반한 부모라면 자녀에게는 역사 교육, 부모에게는 시골 옛길을 걷는 정취를 즐기는 여유를 느끼게 한다. 힐링이 필요한 젊은이들에게도 추천할 만한 구간이다.

덕령길이 시작되는 배재마을 정자

배재마을 정자   금정이주촌   덕령(충장골) 숲길   금곡마을 정자

충장사 버스정류장에 있는
'이치마을' 표석

    제3길의 시작은 배재마을 정자이다. 충장사(북) 또는 충장사(남) 정류장
에서 내리면 충장사가 보이고 이치마을이라는 표석이 정류장 바로 옆에
세워져 있다. '이치마을'은 배재마을의 다른 이름이다. 표석 10시 방향으
로 휴게소가 하나 있고, 휴게소 바로 옆에 충장사가 있다. 표석이 세워진
길을 따라 쭉 들어가다 보면 배재마을과 제3길 덕령길을 소개하는 표지판
이 나온다. 제2길을 거쳐서 온다면, 조릿대길을 지나 숲에서 나오면 점점
마을이 보이고, 배재마을 정자에서 조금 더 내려오면 제3길 표지판이 보
인다. 지은 지 얼마 안 된 이화정이라는 깨끗한 정자도 있기 때문에 앉아
서 탁트인 들녘과 소나무를 보며 한가롭게 휴식을 갖기에 안성맞춤이다.
    배재마을은 13가구로 이루어져 있는 작은 마을이다. 마을은 도요지가 있던 마을로 고령토를 쌓아둔 모습이 마치 달빛에 배꽃이 떨어져 내리는 모습과 비슷하다고 해서 이치마을이라고 불렸다.

　이 마을은 김덕령 장군을 빼놓고 이야기할 수 없을 정도로 김덕령 장군의 존재감이 크다. 마을 여기저기에 김덕령 장군에 관한 설화와 유적이 가득하기 때문이다. 마을 주민들도 대부분이 광산 김씨로, 김덕령 장군의 8대손들이 모여 살고 있다. 하지만 외부에서 들어온 성씨도 있다. 배재마을은 금곡동에 해당하는데, 현재 행정구역상으로는 북구 석곡동에 해당한다.

　솔 향을 가슴 가득히 들이마시며 걷는 길도 좋지만, 김덕령 장군의 역사를 알고, 그와 관련해서 가족과 충신들의 옛이야기가 곁들여지면 머릿속까지 꽉찬 알찬 시간으로 남을 것이다.

배재마을에 있는 이화정
· 사진 제공 : 심인섭(Simpro)

원효사에서 이주하여 만들어진 금정이주촌

배재마을 정자   금정이주촌   덕령(충장골) 숲길   금곡마을 정자

배재마을에서 금정이주촌
가는 길

   배재마을과 점점 멀어지면서 길 주변에 여러 개의 식당이 즐비해 있는 것을 볼 수 있다. 이곳이 바로 금정이주촌이다. 금정이주촌은 지난 1998년 광주시가 무등산 복원 사업의 하나로 금곡동 원효사 부근 거주민 주택 22동을 철거하고 충장사 부근 배재마을로 이주시키면서 붙여진 이름이다. 지금은 7가구 정도만 남아 있고 대부분 가구가 식당과 민박을 운영하고 있다.

   하루 묵어 가고 싶은 여행객들이라면 숙식을 이곳에서 해도 좋다. 조용하고 족구장도 갖추고 있어 대학생들의 MT 등 장소로도 적합하다.

소나무로 가득한 덕령 숲길

금정이주촌
금곡마을 정자
배재마을 정자
덕령(충장골) 숲길

금정이주촌을 지나 금곡동 농어촌 마을 하수 처리시설까지 이르면 다시 숲길이 시작된다. 이 길을 덕령 숲길이라 하는데, 충장골 숲길이라고도 불린다.

이 숲길은 예전부터 배재마을과 금곡마을을 이어 주는 오래된 옛길이다. 하늘이 안 보일 정도로 푸르른 소나무들이 우거져 있어 자연 속에 폭 쌓여 있는 기분을 한껏 느낄 수 있다.

숲길이지만 제2길에 비해 땅에 큰 돌이 튀어나와 있지 않고, 경사도 적

김덕령 장군 나무

어 충분히 숲길을 즐기며 걸을 수 있다. 또한 숲길 바로 옆에 흐르는 시원한 계곡 소리는 가는 길에 배경 음악이 되어 발걸음을 가볍게 해 준다.

이렇게 맑은 숲길을 15분 정도 걷고 빠져나오면 다시 마을 길이 나온다. 금곡마을로 가기 전에 김덕령 장군 나무가 있는데 그 나무를 보는 순간 누구나 왜 김덕령 장군 나무인지 알 수 있다. 장엄하게 쭉 뻗은 소나무는 용감하고 지조를 지키는 충신 김덕령 장군의 기개를 대변하기에 충분할 만큼 위풍당당하게 서 있다.

덕령 숲길에서 나오면 금곡마을이 보이기 시작한다. 입구로 들어서면 돌담에 이름 모를 들꽃들이 활짝 피어 있고 여느 마을과 같이 한적하고 정겨움을 느낄 수 있다. 금곡마을은 85가구로 이루어진 큰 마을로 예로부터 광주의 특산물로 알려진 무등산 수박의 산지로 유명하며, 다양한 체험을 할 수 있는 마을이다.

❶·❷ 충장골 숲길 | ❸ 충장사 김덕령 장군 액자 | ❹ 금곡마을 돌담

＊금곡동 부근 무등산 전설

고려 시대 말, 혁명을 일으킨 이성계는 삼신산을 찾아 삼신산신(三神山神·세 명의 산신)을 불러 초청연을 베풀려 했으나, 이 산만이 거절해 등급이 없는 '무등산'이라 했다고 한다. 또 한편으로는 조선을 건국한 이성계가 명산을 찾아다니며 수백 대에 걸쳐 왕업이 이어지기를 바라고 혁명 때 죽은 고려 말 명신들의 원혼을 달래는 기도를 하기 위해 이곳에 들렀다는 이야기도 전해진다.

고려 시대에는 무등산 일대에 360개의 암자가 있었다. 무등산에는 백팔나한이 살았고 부처가 설법을 다니던 사자좌가 있어 인근 모든 산신들이 이곳에 공양하기 위해 드나들었다.

태조 이성계는 이곳에서 3일 기도를 했다. 태조는 온갖 정성을 다했지만 아무런 영험이 없었다. 태조는 다시 3일 기도를 더하기로 했다. 기도하는 도중 깜빡 잠이 든 태조의 꿈에 그가 죽인 정몽주 등 고려의 명신들이 칼을 들고 나타나 그를 괴롭혔다. 악몽에 시달리던 태조는 얼마 뒤에 입석대를 향해 걸어가는 또 다른 꿈을 꾸었다. 서기가 감도는 서석대에 이르니 한 선인이 그를 맞으며 "그동안 대왕께서 3일 기도 중인 것을 알기는 했지만 이곳에서 법회가 열리고 있던 중이라 찾아뵙지 못하고 있던 차에 석가께서 대왕의 악몽을 아시고 즉시 자신을 보내 정몽주 등 고려 충신들을 질책하시고 대왕을 맞도록 한 것이오."라고 말했다. 태조는 석가 앞에 이르러 여러 치정의 도를 배우고 석가가 가리키는 곳을 바라보니 사람의 형국을 한 산이 우뚝 서 있는데 석가는 이 산 한쪽의 붓바위를 가리키며 저 붓바위가 대왕의 취적을 하늘에 기록할 것이라고 말했다.

태조는 대랑에게 그 꿈속에 나온 산을 찾도록 일렀고, 무등산 서북쪽의 담양 수북면에 삼인산(三人山)이라는 것이 밝혀졌다. 태조는 이 산을 찾아가 다시 제를 올리고 산 이름을 몽성산(夢聖山)이라 이름 붙였다고 한다.

'무등(無等)'은 사전에 "등급이 없고 그 위에 더할 나위 없는 최상의 등급을 이른다."라고 풀이하고 있으며, 불가에서는 무등등(無等等)과 같은 뜻이라고 한다. 무등호인(無等好人)이란 말이 그지없이 마음 착한 사람을 이르는 것처럼 무등산은 덕스러운 자태나 자유, 평등을 사랑하는 이 고장의 정신을 표현한 산 이름임에 분명하다.

* 김덕령 장군을 기리는 충장사

충장사 • 사진 제공 : 심인섭(Simpro)

임진왜란 때 의병을 일으킨 충장 공 김덕령(1567~1596년)의 충 절을 기리는 광주 북구 금곡동에 있는 사당으로 1975년에 조성되 었다.

경내에는 김덕령의 영정과 교지 가 봉안되어 있는 사우 충장사, 동 재와 서재, 은륜비각과 해설비, 유

물관, 충용문, 익호문 등이 세워져 있다. 유물관에는 중요민속자료 제111호로 지정된 장군 의 의복과 그의 묘에서 출토된 관곽, 친필 등이 전시되어 있다. 사당 뒤쪽 언덕에는 김덕령 의 묘와 묘비가 있으며 가족묘도 조성되어 있다.

김덕령 장군은 광주시 충효동에서 1567년 광산 김씨 가문 붕변의 둘째 아들로 태어났다. 어려서 글을 배워 장성하면서 우계 성혼의 문하에서 송강 정철과 함께 수학하였다. 1592 년(선조 25) 임진왜란이 일어나자 형 덕홍과 함께 의병 활동에 참가하였다. 이때 형 덕홍은 의병장 조헌이 이끈 금산싸움에서 전사하였으며, 장군은 담양 부사 이경린과 장성 현감 이 귀 등의 천거로 선조로부터 형조 좌랑의 벼슬을 받았다.

1593년 담양 지방에서 의병 약 5,000명을 이끌고 출정하자 나라에서는 장군을 선전관으 로 임명하고 '익호장군'의 호를 내렸다. 1594년 권율 장군의 휘하에서 진해, 고성에서 왜군 을 방어했으며, 장문포 싸움에서는 충무공 이순신과 수륙 연합전으로 왜군을 크게 물리쳤 다. 1595년에는 고성에 상륙하는 왜군을 기습 격퇴하여 큰 공을 세워 선조로부터 '충용장' 이란 군호를 받았다. 1596년 이몽학의 반란을 토벌하던 중 모함으로 투옥되어 갖은 고문 끝에 그해 9월 15일 29세의 나이로 옥사하였다.

1661년(헌종 2)에야 장군의 억울함이 조정에 알려져 관직이 복직되고, 1668년 병조판서에 가증, 영조 때 의열사에 제향되었다. 1788년 정조는 장군에게 충장공(忠將公)의 시호를 내렸

으며, 장군이 태어난 마을 석저촌을 충효의 고을이라 하여 충효리로 바꾸도록 하였다.

- **주소** 광주광역시 북구 송강로 13
- **전화번호** 062-613-5407 (충장사 관리소), 062-266-6355 (충장사 안내소)
- **개방 시간** 하절기 09:00-18:00, 동절기 09:00-17:00 (연중무휴)
- **문화관광해설 운영 시간** 화~일요일, 공휴일 10:00-18:00

＊김덕령 장군 관련 유적지

<u>금곡동의 시검바위</u> 김덕령 장군이 주검동에서 만든 칼을 시험해 본 바위로 두 쪽으로 깨진 커다란 바위이다. (제3길)

<u>중봉 삼밭실</u> 김덕령 장군이 무등산 중봉 아래에 있는 넓은 들판에 삼밭을 일구고 매일 커 가는 삼을 뛰어넘으며 체력을 길렀다는 곳이다.

<u>의상봉의 비마족바위</u> 김덕령 장군이 무등산 자왕봉에서 말을 타고 한걸음에 도착한 곳이라고 전해지는 의상봉에 있는 말 발자국이 선명한 바위이다.

<u>주검동 제철 유적지</u> 무등산 의병길의 종착역으로 제철 유적지가 있으며 김덕령 장군의 의병들이 무기를 만든 곳으로 조금 더 올라가면 비문이 새겨진 바위도 있다.

<u>충효동 정려비각</u> 김덕령 장군의 생가 터가 있는 충효동 왕버들나무 바로 앞에 있다. (제4길)

<u>풍암정</u> 조선 선조와 인조 때 활동하였던 풍암 김덕보(1571~?)가 지은 정자로 '풍암'이라는 이름은 그의 호를 따서 붙인 것이다. 김덕보는 임진왜란 때에 큰형 덕홍이 금산싸움에서 죽고 의병장으로 크게 활약하던 작은형 덕령까지 억울하게 죽자, 이를 슬퍼하여 무등산 원효계곡에서 학문을 연구하며 평생을 살았다. 후에 의열사에 신주를 모셨다. 풍암정은 앞면 두 칸, 옆면 두 칸 규모로 이루어져 있다. 지붕은 옆면에서 볼 때 여덟 팔(八) 자모양인 팔작지붕으로 꾸몄고 '풍암정사'라고 쓴 현판이 걸려 있다. 풍암정은 북구 8경 중 6경에 해당할 정도로 굉장히 아름다운 곳이고 광주문화재자료 제15호로 지정되었다. (제3길, 제4길)

<u>환벽당</u> 김덕령 장군이 어렸을 때 수학하던 곳이다. (제4길)

<u>취가정</u> 환벽당 바로 앞에 있다. 권필의 꿈에 억울한 누명을 쓴 김덕령이 취한 채 나타나 자신의 억울한 죽음을 노래했다고 해서 정자 이름을 '취가정'이라고 붙였다. (제4길)

* 배재마을 논 가운데에 있는 선돌

배재마을에서 이화정을 지나서 길을 따라 가다 보면, 논밭 중간에 길이 하나 있다. 길 중간에 눈에 띄는 선돌이 있다. 배재마을 선돌은 마을 남쪽 200m에 위치한 논 가운데에 있다. 크기는 높이 96cm, 폭 27cm이며 선돌 하부에 자연석이 선돌을 받치고 있다. 현재의 길이 나기 전에 이곳은 당산의 하나로 당산제가 한국전쟁 때까지 존속했고 탑과 솟대도 있었다고 하는데 현재는 소멸되고 없다. 이와 같은 사실

배재마을 논 가운데에 있는 선돌

로 볼 때 이곳의 입석은 마을의 수구막이나 액막이 구실 또는 들 가운데 위치해 풍요의 기원이나 상징물로 여겼던 것으로 보인다.

* 전상의 장군을 기리는 충민사

인조 5년인 1627년 1월 청나라 3만 대군이 압록강을 건너 침략하는 정묘호란이 발생하자, 인조는 강화도로, 소현세자는 전주로 피난하고, 곧이어 정묘조약을 체결하기에 이르렀다. 이때 전상의 장군은 안주성 싸움에서 5일 동안 분전하

충민사

다가 53세의 일기로 장렬하게 전사하였다.

난이 끝나고 장군의 시신을 출생지인 광주로 옮겨 예장하였으며, 1977년 광주 지역민들의 뜻을 모아 묘소를 광주광역시 기념물 제3호로 지정하고, 1985년 충민사를 준공하였다. 이곳에는 장군의 영정과 위패를 모신 사당, 수의문, 정려각, 장군의 유물을 전시한 유물관 등이 있다.

- **전화번호** 062-266-0718 (무등산공원 충민사 관리사무소)
- **개방 시간** 하절기 09:00-18:00, 동절기 09:00-17:00 (연중무휴)
- **요금** 무료
- **주차장** 소형차 50대 (주차료 무료)

＊충효동 요지

사적 제141호로 지정되어 있고 지정면적은 약 54,304m²이다. 금곡마을 정자에서 북쪽으로 이정표를 따라 5분 정도 걸어가면 나오는 분청사기박물관에 있다. 충효동 요지는 2011년에 문화재청 고시에 따라 '광주 충효동 도요지'에서 '광주 충효동 요지'로 명칭이 변경되었다. 이 일대에는 고려 말부터 조선 초까지의 도자기 가마터가 많이 분포되어 있는데, 그중에서도 가장 크고 다양한 도자기를 구워내던 곳이다.

1964년 국립중앙박물관에서 일부 퇴적

요지 내 전시관

층과 가마의 형태를 조사해 파편들을 확인하였는데, 퇴적층에서는 다양한 분청사기와 백자 등을 발견하였다. 또한 충효동 요지를 지칭한 것으로 보이는 《세종실록》과 《신증동국여지승람》의 기록을 토대로 1963년과 1991년 두 차례 발굴 공사가 이루어져 여러 가지 가마유구와 다량의 유물이 출토되었으며, 깊이 약 3.5m에 이르는 퇴적구의 층위 조사를 통해 분청사기의 변화 과정과 분청에서 백자로 변천되었음을 알 수 있다.

충효동 가마의 주 생산품인 분청사기에는 상감, 인화, 박지, 조화, 귀얄기법에 의한 다양한 무늬가 있다. 또한 사기장의 이름이나 납품관 서명, 제작지, 제작 시기 등을 나타내는 여러 가지 명문이 있어 우리나라 자기의 변천 과정을 보여주는 사료로서 중요한 의의를 가진다. 충효동 요지의 제작 활동 시기는 15세기 초기에서 말기까지로 추정된다.

• **주소** 광주광역시 북구 풍암제길 14

• **전화번호** 062-266-4693

• **개방 시간** 3~10월 09:00-18:00, 11~2월 09:00-17:00 (단, 1월 1일, 공휴일 다음 날은 개방하지 않는다.)

- 주소 광주광역시 북구 금곡동
- 거리/시간 총 2.5km / 약 50분 소요
- 코스 정보 배재마을 정자-금정이주촌-덕령(충장골) 숲길-금곡마을 정자
- 화장실 없음
- 대중교통 버스 (충장사-북 정류장 하차) 충효187, (충장사-남 정류장 하차) 1187
- 맛집 / 숙박

문정휴게소	메뉴 : 라면, 옥수수, 과자, 아이스크림, 주류, 음료 등
	주소 : 광주광역시 북구 송강로 13 (충장사 주차장 부근)
단풍산장	메뉴 : 해물, 바비큐, 염소, 민박 가능
	주소 : 광주광역시 북구 송강로 35 19-3(금곡동)
	전화번호 : 062-266-6360

Tip

☞ 김덕령 장군을 기리는 충장사에 들르기

☞ 배재마을에 있는 이화정 정자에서 쉬어 가기

☞ 금정이주촌에 있는 음식점에서 백숙 먹기

☞ 충장골 숲길에서 소나무 향기 흠뻑 들이마시기

☞ 금곡마을의 향토적인 분위기 물씬 느끼기

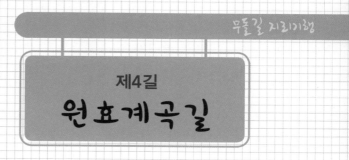

무풀길 지리기행

제4길
원효계곡길

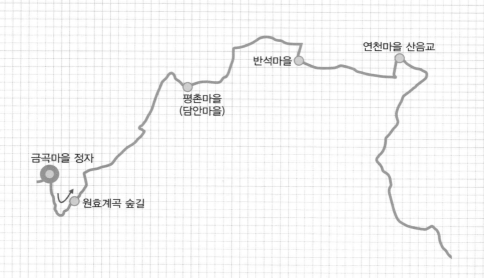

연천마을 산음교

반석마을

평촌마을
(담안마을)

금곡마을 정자

원효계곡 숲길

제4길 원효계곡길은 청량한 중암천의 물소리와 시원하게 쭉쭉 뻗은 나무들이 무성한 원효계곡을 가로지르는 구간으로, 걸으면서 자연 경관의 아름다움을 만끽할 수 있다. 길은 금  곡마을 입구의 정자에서 시작하여 ⋯ 원효계곡 숲길 ⋯ 평촌마을(담안마을) ⋯ 반석마을 ⋯ 연천마을 산음교까지이고, 구간 거리는 총 4km, 시간은 약 1시간 정도 소요된다.

금곡마을에는 다양한 농촌 체험 프로그램을 운영하고 있어 취향에 따라 골라 즐기는 재미가 있다. 여기에 먹거리까지 더해져 단연 눈과 귀가 매우 즐거운 코스이다. 또한 주변에는 우리나라 고전 문학을 대표하는 가사 문학과 관련된 명승 고적들이 많이 분포해 있어 여행자들의 발걸음을 머물게 한다.

'시간 없다, 바쁘다'를 입버릇처럼 외치는 우리의 일상에서 잠시 벗어나서, 없는 시간이라도 일부러 만들어 무돌길만의 여유와 자연 경관의 아름다움에 빠져 보자. 심신의 스트레스를 한방에 날려 버리는 시간이 될 것이다. 또 선조들의 시를 한 구절 한 구절 목소리 내어 읊으면서 원효계곡길을 걷는 것도 좋다. 조금은 예스러워 보일 수 있지만, 이 또한 제4길에서만 가질 수 있는 특별한 매력으로 다가온다.

주요 볼거리로 가사 문학관 탐방 코스를 따라가 보는 것도 좋다. 충효마을 ⋯ 광주호 호수생태공원 ⋯ 환벽당 ⋯ 취가정 ⋯ 식영정 ⋯ 한국가사문학관 ⋯ 소쇄원 순으로 둘러보는 것이 효율적이다.

500년 전에 형성된 금곡마을

금곡마을 정자 — 원효계곡 숲길 — 평촌마을(담안마을) — 반석마을 — 연천마을 산음교

금곡마을은 약 500년 전에 형성된 마을로, 초기에는 남평 문씨 일촌이 거주했으나 현재는 다른 성씨를 가진 사람들도 함께 지내고 있다.

금곡마을에서 바라본 서북쪽 무등산은 신선바위가 한눈에 보이며 두 개의 봉우리는 큰선비, 작은선비, 샘바위라고도 불린다.

무등산은 한국 온대 식물 약 897종이 골고루 분포되어 있으며, 그중에서 식용 식물 292종, 약용 식물 173종의 집단 군락지이다. 금곡마을의 약 500m 이상 고지에는 1950년대에 조성된 목장이 있는데, 이곳에서 '푸렝이'라고 불리는 무등산 수박을 직접 재배하여 집하장에서 직거래로 판매

금곡마을 정자

＊무등산 수박 '푸랭이'

광주광역시 북구 충효동과 청옥동 일대에서 해발고도 약
200~500m 고지대에서 재배되는 무등산 수박은 껍데
기 색상이 암록색이어서 '푸랭이'라고 부른다. 푸랭이 수
박은 8월 중·하순 시기에 출하되고, 당도가 높고 향이 뛰
어나며 줄무늬 없는 타원형이다. 일반 수박에 비해 무게가
2~3배로 무거운 것은 10~25kg에 이른다.

무등산 수박 '푸랭이'

하고 있다.

또한 오래전에 이곳 마을 농부들이 밭갈이를 하면서 자주 발견하던 사
기 조각들은 금곡마을을 중심으로 분청사기와 백자 가마터가 곳곳에 있
었다는 것을 증명해 주었으며, 차후 체계적인 발굴 조사가 이루어지면서
가마터와 전시실을 갖추어 관람객들을 맞이하고 있다.

금곡마을은 농촌 체험마을로 선정된 곳으로 팜스테이를 비롯한 포도
따기, 옥수수 따기 등 영농 체험 프로그램과 인근의 문화 유적을 탐방하
는 전통문화 체험 프로그램을 실시하고 있다. 휴일에 시간을 내어 여러
가지 체험 프로그램을 통해 가족끼리 추억을 쌓을 뿐 아니라 자녀들이 협
동심을 배울 수 있는 기회를 제공하는 배움의 터로 자리 잡고 있다.

원효사와 원효계곡 숲길

원효계곡 숲길

반석마을

금곡마을 정자   평촌마을(담안마을)   연천마을 산음교

금곡마을의 입구에서 오른쪽 방향으로 계속 걸어가다 보면 갈림길에 이정표가 보인다. 이정표의 왼쪽으로는 메타세쿼이아 길 조성에 쓰이는 묘목들을 재배하고 있고, 오른쪽에는 블루베리 농장이 보인다. 저 멀리 12시 방향 무등산 자락의 아름다운 경치들을 바라보며 10분 정도 걸으면 어느새 숲길에 다다르는데, 이곳이 바로 제4길의 보물이라고 할 수 있는 원효계곡 숲길이다.

원효계곡은 무등산 정상 일대의 물이 삼밭실에 고여 산의 북동쪽으로 약 9km 흘러 충효동에 이르는 골짜기이다. 이 계곡물이 흘러 풍암정이 있는 곳에 이르러 풍암제가 되어 관개용수로 쓰고 있으며, 충효동으로 흘

금곡마을에서 바라본 무등산 풍경

러서 광주호의 상류가 된다. 골짜기마다 물이 고여 천연의 웅덩이가 되어 무등산의 여름철 피서지로서 가장 많이 이용되며, 원효계곡의 물은 의상봉 중턱에서 약 6m 높이 암벽을 만나 폭포가 되어 떨어진다. 이 폭포는 원효사에서 만든 인공 폭로로 원효폭포 또는 마음을 닦는다는 뜻의 세심폭포라고 한다.

　원효계곡 숲길은 하늘 높이 시원하게 뻗은 적송들이 길을 이루고 있다. 원효계곡 숲길의 오른쪽에는 증암천이 흐르고 있어 청량한 물소리를 들으며 주변의 멋진 경관도 함께 눈에 담으면서 걷는 재미가 있다. 길의 중간 중간에는 무돌길 여행객을 위해 나뭇가지에 리본으로 표시를 하여 길을 안내하고 있다. 따뜻한 햇볕과 시원한 바람을 맞으며 원효계곡 숲길을 18분 정도 걸어가면 어느새 포장도로가 나온다.

메타세쿼이아 묘목

네 개의 마을이 모여 이룬 평촌마을

금곡마을 정자 — 원효계곡 숲길 — 평촌마을(담안마을) — 반석마을 — 연천마을 산음교

평촌교 옆에서 본 담안정

원효계곡 숲길에서 벗어나면 금산교가 나오는데, 여기서 포장도로가 아닌 왼쪽으로 금산교를 건너가면 작은 길이 나온다. 오른쪽에는 증암천이 흐르고, 왼쪽에는 밭이 있는 이 길을 따라 10분 정도 걸으면 다음 장소인 평촌마을이 나온다.

평촌마을은 담안마을, 동림마을, 우성마을, 닭뫼마을을 함께 아우르는 이름이다. 평촌마을은 닭뫼마을만 조금 떨어져 있고, 우성마을과 동림마을은 서로 이웃하고 있으며, 담안마을은 증암천을 사이에 두고 있다.

담안마을 아트존에는 천연염색 체험과 평촌도예공방의 도자기 만들기 체험 프로그램 등이 마련되어 있어 알찬 체험을 할 수 있다. 평촌마을은 건강 장수마을로 지정된 마을로, 농촌 체험과 지역에서 생산되는 채소류

등 먹을거리도 함께 구매할 수 있어서 도시와 농촌 공동체 문화에 활력을 불어넣고 있다.

평촌마을에는 오래된 당산나무가 몇 그루 있다. 닭뫼마을 입구, 동림마을 정자 옆, 담안마을에도 나무가 있다. 마을에서는 옛날부터 열 두 당산제를 지내왔다고 한다. 지금은 당산제를 지내지 않지만 나무는 여전히 남아 자리를 지키고 있다.

평촌마을은 청정한 곳에서만 볼 수 있다는 반딧불이와 다슬기가 있을 정도로 자연이 잘 보존된 마을이다. 자연에 해를 끼치지 않고 깨끗하게 보존하려는 마을 사람들의 지속적인 노력의 덕분일 것이다.

광주광역시와 담양군의 경계인 반석마을

우성마을을 지나서 증암천을 따라 15분 정도 걸으면 중간에 9시 방향 도로 건너편에 전라남도 교육연수원이 보이고 좀 더 가면 멋진 소나무 쉼터가 보인다. 마치 산수화 속에서 튀어나온 듯한 멋진 소나무 밑에 벤치가 하나 놓여 있다. 잠시 앉아 쉬면서 땀을 식히거나 도시락을 먹기에도 좋은 곳이다. 다시 소나무 쉼터에서 약 10분 정도 걸으면 다음 장소인 반석마을의 입구가 보인다.

반석마을은 옛 창평군 내남면에 위치하여 1680년경 경주 정씨와 제

소나무 쉼터(↑)
반석마을 반석(↓)

주 양씨에 의해 개척되었고, 중암천이 흐르는 마을 앞 하천 바닥에 길이 200m, 폭 40m 정도의 석반이 깔려 있는 것에서 유래하여 반석마을이라고 이름 지었다고 한다.

마을회관에서 다음 장소인 연천마을 남면초등학교 방향으로 걷다 보면 전통찻집 '명가은'의 간판이 보인다. 많은 사람들이 인터넷에 후기를 남길 정도로 유명한 찻집인 '명가은'은 입구를 들어서면 마치 조선 시대 정원에 와 있는 듯하다. 담장 너머 아담하고 자연스럽게 가꾸어진 찻집에서 그윽한 차의 향기를 음미하며 여유로움에 취해 보는 것도 좋다.

명가은에서 차를 마시고 난 뒤, 반석마을에서 나와 소정교를 건너 10분 정도 걸으면 제5길 독수정으로 가는 산음교가 있다. 여기서 왼쪽으로 꺾어 올라가면 제4길의 마지막 장소인 남면초등학교가 있는 연천마을이 나온다.

*증암천

광주광역시 북구 무등산 북쪽에서 발원하여 북서쪽으로 흘러 영산강으로 유입하는 지방 하천이다. 상류에 축조된 광주호를 거치면서 담양군의 고서면으로 유입한다. 담양군 고서면을 거쳐 북쪽으로 흐르다가 주산리 일대에서 석곡천과 창평천을 합류하고, 다시 봉산면의 와우리 일대에서 영산강과 합류한다. 이 하천은 창평천과 함께 조선 시대에 이곳에 있었던 창평현 읍치의 생활 기반이 되었던 하천으로, 주변 경관이 뛰어나 증암천 유역 일대는 담양 가사 문학의 중심지가 되었다. 또한 《대동여지도》에 증암천이 표기되어 있을 정도로 지명 유래가 매우 오래되었음을 알 수 있고, 《해동지도》에는 증암천 유역에 소재한 식영정의 모습이 지명 표기와 함께 상세히 묘사되어 있다.

연천마을은 마을에 제비 둥지와 같다는 연소혈(燕巢穴) 명당이 있기 때문에 붙은 이름으로, 담양군 남면의 중심부에 자리 잡아 면사무소 등 모든 행정기관이 모여 있는 곳이다.

증암천

＊금곡마을 운영 체험 프로그램

허브 화분 만들기 체험

허브 농장에 들어서면서 자신만의 허브를 고른 뒤, 허브농장에서 지급된 허브 화분에 분갈이를 하는 체험이다. 개인이 만든 허브 화분은 집에 가지고 갈 수 있으며 재료는 마을에서 준비해 준다.

• **요금** 1인 5,000원(어린이, 성인) / 만 2세 이하의 어린이 무료

황토 염색 체험

개인별로 지급된 흰 손수건을 황토물에 푹 담가서 직접 짜고 만지고 담그는 등 정성이 담긴 과정을 통해 자신만의 황토 손수건을 만드는 체험이다. 황토 염색은 한 번에 끝나는 것이 아니므로, 체험객이 돌아간 후 체험실에서 마무리 염색 작업까지 한 뒤에 택배로 발송해 준다.

• **요금** 손수건 염색 : 1인 5,000원 / 내의 염색 : 1인 10,000원

무등산 콩 두부 만들기 체험

마을에서 직접 재배한 콩으로 맛있는 두부를 직접 만드는 체험이다. 하절기(8~9월)에는 진행하지 않으니 참고하여 일정을 잡는 것이 좋다. 두부는 쉽게 상하는 식품으로, 당일 모두 시식하기를 권한다.

• **전화번호** 062-410-8465 , 017-702-1412 (무등산 수박마을 정보센터)
• **요금** 개인 10,000원, 단체(50명 이상) 9,000원

＊원효사

광주 북구 금곡동 무등산에 있는 신라 시대의 절이다. 대한불교조계종 제21교구 본사인 송광사의 말사로 삼국통일 전후 문무왕 때 원효가 암자를 개축한 뒤 원효사, 원효당, 원효암

등으로 불렀다고 한다. 절은 무등산의 북쪽 기슭 원효계곡에 위치하는데, 이곳은 광주 시내에서 약 12Km 거리이다. 계곡을 건너 의상봉, 윤필봉과 멀리는 천왕봉을 마주하고 있다.

* 평촌도예공방

평촌도예공방(↕) | 도자기 빚는 모습(↕)

충효마을 왕버드나무 반대쪽에 평촌도예공방 판매장이 있다. 북구청 특산단지 제1호로 지정된 평촌도예공방의 각종 도예 작품 및 생활용품과 타조공예 작품 등을 판매한다.

평촌도예공방에서는 7,000년의 도자기 역사를 일반인이 직접 체험할 수 있는 도자기 체험교실을 운영한다. 평촌도예전시장이나 체험학습장을 통해 도자기를 어떻게 만드는지 배우고, 직접 분청토를 이용하여 전문 강사의 도움을 받아 도자기 만들기 체험을 한다. 시간은 약 3시간 소요된다. 사전 예약은 필수이고, 예약은 매주 금요일까지 받는다. 또한 다육식물을 화분에 옮겨 심는 다육이 분화 체험도 할 수 있다.

도자기 만들기·다육이 분화 체험 프로그램

- **주소** 광주광역시 북구 담안 평무길 77
- **전화번호** 062-266-23519(전시장), 062-266-8008(공방), 010-3632-8211
- **작업장 이용 시간** 09:00-18:00
- **요금** 도자기 만들기 개인 12,000원, 단체(30명 이상) 9,000원 / 다육이 분화 체험 1인당 8,000원,
  * 사전 예약은 최소 3일 전에 해야 헛걸음하는 일이 없다.

* 충효마을 왕버드나무

충효마을 왕버드나무

광주광역시 기념물 제16호였다가, 지금은 천연기념물 제539호로 승격되었다. 2012년 09월 25일 문화재심의위원회는 광주 충효마을 왕버들이 마을 사람들의 풍수지리와 마을의 안녕과 평온·번영을 위해 비보림(裨補林)으로 조성하였다는 배경을 높이 평가하고, 수령이 약 430년 된 왕버들 세 그루를 역사적, 문화적, 생태학적으로 보호 가치가 있다고 판단하여 천연기념물로 승격하였다.

버드나무의 높이는 10m, 둘레는 6m 정도이다. 충효마을에는 '일송일매오류(一松一梅五柳)'라고 하여 소나무 한 그루와 매화 한 그루, 버드나무 다섯 그루가 있다고 전해지는데, 지금은 충효리 입구의 버드나무 세 그루만 남아 있다.

* 가사 문학권 탐방

제4길은 담양 가사 문학권과 인접해 있는 길이다. 무돌길을 둘러본 뒤, 선조들의 정신이 깃들어 있는 정자들을 둘러보면서 관련된 작품과 한국 가사 문학에 대해 한 번 더 되새기는 시간을 가져 보는 것 또한 의미 있는 여행이 될 것이다. 충효마을 ···→ 광주호 호수생태공원 ···→ 환벽당 ···→ 취가정 ···→ 식영정 ···→ 한국가사문학관 ···→ 소쇄원 순으로 둘러보면 좋다.

충효마을

충효마을은 담양 가사 문학권과 광주호 호수생태공원 인근에 위치한 마을이다.

충효마을의 성촌 시기는 약 450년 전이다. 대부분의 주민이 충장공(忠壯公)의 후손인 광산 김씨여

충효마을에서 내려다본 마을 전경

서 마을 입구의 충장공 비각과 취가정 등 충장공과 관련된 유적이 잘 관리되고 있다. 충효마을은 서석대와 꼬막재 밑에서 발원한 증암천을 따라 터를 잡은 산동네로 충(忠) · 효(孝) · 덕(德)을 갖춘 문인들이 살던 곳이다. 한적한 시골이던 이곳은 지금은 국립공원이지만 1972년 무등산 도립공원 지정과 함께 1984년 광주호에 이르는 길까지 포장되었으며, 경치가 좋아 광주시민이 자주 찾는 휴식처가 되었다.

광주호 호수생태공원

광주호 호수생태공원의 작은 연못(↑)
광주호 호수생태공원에서 바라본 광주호의 모습(↕)

광주호 주변 광주호 호수생태공원의 면적은 184,948㎡이고, 2006년 3월 20일에 개원하였다. 호수생태공원은 광주호의 수질개선과 생물의 서식처를 제공하여 종(種) 다양성 증대를 통한 생태계 보전에 힘쓰는 곳이다. 또한 자연 생태계의 생물들을 관찰하고 체험할 수 있도록 하여 시민들에게 건강한 생태 공간을 제공하고 환경 보전의 중요성을 일깨워 주는 역할도 담당하고 있다. 현재는 청소년들의 자연 생태 학습장이자 시민들의 휴식 공간으로 이용되고 있다.

호수생태공원은 수생 식물원, 생태 연못, 야생화 테마원, 목재 탐방로, 전망대, 수변 관찰대 등 다양하게 관람할 수 있는 공간이 마련되어 있으며, 호수 안에는 버드나무 군락지와 습지 보전 지역이 있다. 또한 매자기, 애기부들을 비롯한 다양한 수생 식물과 다양한 종의 조류, 파충류, 양서류를 관찰할 수 있다.

광주호 주변은 정철이 〈성산별곡〉, 〈사미인곡〉, 〈속미인곡〉 등을 완성한 곳이기도 하며, 개선사 지석등, 식영정, 조선 중기의 민간 정원인 소쇄원 등의 문화재가 있어 관광 명소가 되고 있다.

환벽당

환벽당(↑) | 환벽당 정원(↓)

광주광역시 북구 광주호 상류 충효마을 쪽 언덕 위에 있는 정자로, 나주 목사를 지낸 김윤제(1501~1572년)가 낙향하여 창건하고 육영에 힘쓰던 곳이다. 환벽당은 시가 문학과 관련된 국문학사적인 인문학적 가치가 매우 큰 곳이며, 별서원림으로서 가치가 우수한 호남의 대표적인 누정문화(樓亭文化)를 보여 주는 곳이다. 정자의 규모는 정면 세 칸, 측면 두 칸의 팔작지붕의 목조 기와집이다. 송시열이 쓴 제액과 임억령, 조자이의 시가 현판으로 걸려 있다. 2013년 11월 6일에는 환벽당을 비롯한 그 일대가 국가지정문화재 명승 제107호로 지정되었다.

취가정

충장공 김덕령이 출생한 곳으로 환벽당 남쪽 언덕 위에 있다. 임진왜란 때 의병장인 김덕령의 혼을 위로하고 그의 충정을 기리기 위하여 1890년(고종 27) 후손 김만식 등이 세웠다. 한국전쟁으로 불탄 것을 1955년 재건하였다. 주변 정자들 가운데 가장 늦게 산 위에 누대처럼 지었는데, 대부분의 정자들이 강변을 내려다보고 있는 것과

취가정(↑) | 취가시비(↓)

달리 넓게 펼쳐진 논과 밭들을 향하여 세웠다. 정자 앞에 서 있는 소나무는 정자의 운치를 한결 더해 준다. 정자의 이름은 정철의 제자였던 석주 권필(1569~1612년)의 꿈에서 비롯하였다. 억울한 누명을 쓰고 죽은 김덕령이 꿈에 나타나 억울함을 호소하며 한맺힌 노래 〈취시가(醉時歌)〉를 부르자, 권필이 이에 화답하는 시를 지어 원혼을 달랬다고 한다.

식영정

❶ 식영정 | ❷ 성산별곡 시비 | ❸ 서하당

1972년 1월 29일 전라남도 기념물 제1호로 지정되었다. 환벽당, 송강정과 함께 정송강 유적이라고 불린다. 식영정은 원래 16세기 중반 서하당 김성원이 스승이자 장인인 석천 임억령을 위해 지은 정자라고 한다. 식영정이라는 이름은 임억령이 지었는데 '그림자도 쉬어 가는 정자'라는 뜻이다. 식영정 바로 옆에는 김성원이 자신의 호를 따서 서하당이라고 이름 붙인 또 다른 정자를 지었는데, 없어졌다가 최근 복원되었다. 《서하당유고》 행장에 따르면, 김성원이 36세 되던 해인 1560년(명종 15)에 식영정과 서하당을 지었음을 알 수 있다.

＊ 한국가사문학관

조선 시대 한문이 주류를 이루던 때에 국문으로 시를 제작하였는데, 그중에서도 가사 문학이 크게 발전하여 꽃을 피웠다. 담양군에서는 이 같은 가사 문학 관련 문화유산의 전승·보전과 현대적 계승·발전을 위해 1995년부터 가사문학관 건립을 추진하여 2000년 10월에 완공하였다. 가사문학관에는 전시품으로는 가사 문학 자료를 비롯하여 송순의 《면앙집》과 정철의 《송강집》 및 친필 유묵 등 가사 18편을 비롯하여 가사 관련 도서 4,500여

한국가사문학관

권과 유물 200여 점, 목판 535점 등 귀중한 유물이 전시되어 있다. 가사문학관 가까이에 있는 식영정, 환벽당, 소쇄원, 송강정, 면앙정 등은 호남 시단의 중요한 무대가 되었으며, 이는 한국 가사 문학 창작의 밑바탕이 되어 면면히 그 전통을 오늘에 잇게 하고 있다.

- **주소** 전라남도 담양군 남면 지곡리 가사문학로 877
- **전화번호** 061-380-2700
- **개방 시간** 09:00-18:00

＊소쇄원

소쇄원은 조선 중기 때 양산보(1503~1557년)가 조성한 정원이다. 양산보는 스승인 조광조가 기묘사화(1519) 때 능주로 유배되고 사사되는 모습을 보고, 세속에 뜻을 버리고 고향인 창암촌에 소쇄원을 조성하였다. 소쇄원

소쇄원

은 조선 중기 호남 사림 문화를 이끄는 인물의 교류처 역할을 하였다.

사적 제304호로 지정되었다가 2008년 명승 제40호로 변경되었다. 이곳은 물이 흘러내리는 계곡을 사이에 두고 각 건물을 지어 자연과 인공이 조화를 이루는 대표적 정원이다. 제월당과 광풍각, 오곡문, 애양단, 고암정사 등 10여 동의 건물로 이루어져 있다.

소쇄원은 크게 내원과 외원으로 구분하는데, 흔히 말하는 소쇄원은 내원을 말한다. '소쇄'는 '맑고 깨끗하다'라는 뜻으로 당시 양산보의 마음을 잘 표현하고 있다.

- **개방 시간** 09:00-18:00 (연중무휴)
- **요금** 1,000원

- 주소 광주광역시 북구 금곡동
- 거리 / 시간 총 4km / 약 1시간 10분 소요
- 코스 정보 금곡마을 정자 – 원효계곡 숲길 – 평촌마을(담안마을) – 반석마을 – 연천 마을 산음교
- 대중교통 버스 (금곡마을 입구 정류장 하차) 충효 187
- 맛집 / 숙박

금곡마을 돌담 게장백반

주소 : 광주광역시 북구 금곡한고샅길 4(금곡동)

전화번호 : 062-265-1183, 010-9881-1187

평촌마을 마을회관

평촌마을 마을회관

담안마을의 정자에서 마을의 잠시 휴식을 취하고 난 뒤, 평촌교를 지나면 민박이 가능한 마을회관이 있는 동림마을이 나온다. 민박은 작은 방은 1박 기준 40,000원이고, 큰 방은 50,000원이다.

평촌마을 무돌길 쉼터

무돌길 쉼터

마을회관을 기준으로 오른쪽에 있다. 맛있는 음식으로 배를 채우고 가면 좋다.

주소 : 광주광역시 북구 매봉로 118(충효동)

전화번호 : 062-266-2287, 010-8616-4687

반석마을 명가은

조선 시대의 정취가 물씬 풍기는 정원이 있는 찻집이다.

주소 : 전라남도 담양군 남면 반석길 48-8

전화번호 : 061-382-3513, 010-3628-2229

명가은(↑) | 차 상차림(↕)

Tip

☞ 금곡마을 정자에서 바라보는 무등산의 절경 감상하기

☞ 아름다운 원효계곡 숲길을 걸어 보기

☞ 평촌마을의 평촌도예공방과 담안 아트존에서 제공하는 체험 프로그램 체험하기

☞ 반석마을 명가은에서 차를 마시며 여유로운 시간 누리기

☞ 연천마을 남면초등학교에서 옛 학창 시절의 추억 떠올려 보기

☞ 담양 가사 문학권의 정자들에 들러 선조들의 정신과 자세를 되새겨 보기

5 ────────────────────── 6

백남정재길

독수정길

2부

전남 담양 구간

⑤ 연천마을 산음교

⑥ 경상마을 정자

무돌길 여행 가이드

무등산 둘레 따라 광주, 담양, 화순 걷기

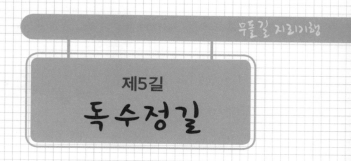

무돌길 지리기행

제5길
독수정길

연천마을 산음교

함충이재

정곡마을   경상마을 정자

제5길 독수정길은 잔잔하게 흐르는 물소리와 지저귀는 새소리를 들을 수 있는, 울창한 소나무들이 빽빽하게 들어선 아주 멋진 구간이다. 연천마을 산음교에서  시작하여 ⋯⋯→ 함충이재 ⋯⋯→ 정곡마을 ⋯⋯→ 경상마을 정자까지이고, 구간 거리는 총 3km, 시간은 약 50분 정도 소요된다.

이 길은 평지와 언덕길을 지나면서, 단순히 길 걷기만이 아니라 남도의 역사, 자연, 문화를 체험할 수 있는 구간이다. 특히 곳곳에 세워진 '커다란 돌'을 볼 수 있는데, 이것은 단순히 돌이 아니라 신도비와 입석이다. 무심코 지나치지 말고 잠시 유래를 살펴보고 간다면 좀 더 의미 있는 여행길이 될 것이다.

길 이름에 나오는 '독수정'은 '홀로 지키는 정자'라는 뜻으로 서은 전신민이 기거한 독수정에서 따 온 이름이다. 독수정 주변에는 100년 이상의 수령을 자랑하는 조선 전기의 원림인 독수정 원림도 있다.

독수정이 위치한 이 길은 고려 말의 서은 전신민과 정몽주의 역사가 담겨 있다. 이곳에서 독수정의 시를 읊으며 전신민의 마음을 잠시 헤아려 보는 시간을 갖는 것도 좋다.

선조들의 절개를 느끼며 걷다 보면 오솔길이 나타나는데, 이곳이 함충이재이다. 대나무, 소나무 등이 우거진 울창한 숲은 삼림욕을 위해 굳이 다른 곳을 찾을 필요도 없을 정도로 훌륭한 장소이다. 우리 민족의 역사가 담겨 있는 함충이재는 과거와 현재를 이어주는 소통의 고갯길이다.

　함충이재의 끝인 대나무를 뒤로하면 눈앞으로 현대 가옥들이 펼쳐져 있다. 이곳은 정곡리의 경상마을로 동양화가였던 고 윤애근 선생의 정산원이 있는 곳이다. 산으로 둘러싸인 이곳에서 아름다운 경치를 둘러보고 나서 선생의 작품을 보면 감상하는 데 더욱 도움이 된다.

　정산원을 지나 증암천 줄기의 오른쪽으로 펼쳐진 농경지를 따라 걷다 보면 제5길의 끝인 한옥 정행원이 보인다.

　주변 주요 볼거리로는 독수정 원림, 의병 전적비, 서봉사지 석탑 등이 있다.

증암천이 흐르는 연천마을 산음교

연천마을 산음교 — 함충이재 — 정곡마을 — 경상마을 정자

제5길의 시작 지점인 연천리에 도착하면 '산 그늘'이라는 뜻을 가진 산음마을이 있다. 산음교 옆에 커다란 표지판이 세 개나 있어 시작점을 찾는 것은 어렵지 않다.

산음교 밑으로는 증암천의 줄기가 흐르며, 버들이 양옆으로 우거져 있다. 날이 맑은 여름날에는 아이들이 다슬기를 잡으며 놀기도 한다. 산음교에 서서 주변을 바라보면 산봉우리들이 병풍처럼 산음마을을 둘러싸고 있다. 덕분에 산음교 주변은 이름처럼 그늘이 져 있고 개울이 흘러 시원하다.

산음교에서 바라보는 어산이재의 모습

또한, 독수정을 바라보고 왼편의 물이 흘러가는 방향으로 펼쳐진 산들은 '어산이재'라고 불린다. 어산이재는 호남 정맥에 해당하는 작은 고개로 호남 정맥을 종주하는 등산객들의 발길이 이어지는 곳이기도 하다.

산음교를 건너면 신도비라는 묘석들이 세워져 있다. 이곳을 지나 왼쪽으로는 소나무, 오른쪽으로는 대나무가 우거진 작은 언덕을 오르다 보면 멀리 독수정 지붕이 눈에 띈다.

독수정은 고려 공민왕 때 북도안무사 겸 병마원수를 거쳐 병부상서를 지낸 고려 후기의 무신 서은 전신민이 세운 것이다. 독수정을 둘러싸고 느티나무, 회화나무, 왕버들, 소나무, 참나무, 서어나무 등의 거목이 즐비한 독수정 원림이 있다. 조선 시대 전기의 원림인 독수정 원림은 전라남도 기념물 제61호로 지정되어 있다. 독수정 건물은 소실된 것을 1972년에 재건축한 것이라 기념물에 포함되지 않았다.

더 알아보기

＊고인의 평생 사적을 기록한 신도비

신도비는 죽은 사람의 평생사적(平生事蹟)을 기록하여 묘 앞에 세우는 비 가운데 하나로서, 중국에서 한나라 때 처음 세웠다는 설이 있다. 처음에는 비에 '모제(某帝)' 또는 '모관신도지비(某官神道之碑)'라고만 새겼다고 한다. 신도비를 묘의 동남쪽에 세우게 된 것은 풍수지리상 묘의 동남쪽을 귀신이 다니는 길, 즉 신도(神道)라고 하였기 때문이다.

고인의 업적이 담긴 신도비

독수정 길을 따라가다 보면 오른쪽에는 의병 전적비가 서 있다. 1908년 왜병과 맞서 싸우다 전사한 의병들을 기리는 전적비이다.

작은 자연 휴양림 같은 함충이재

의병 전적지를 지나 마을길을 따라 오르다 보면, 왼쪽에 흑염소 방목지가 있다. 때로는 울타리 안에서 자유롭게 풀을 뜯어먹는 흑염소를 볼 수 있다. 길을 가다 보면 출입금지 표지판이 보인다. 이곳은 산자락에서 약초를 재배하는 지역이기 때문이다. 이처럼 한적한 무돌길을 오갈 때는 주민들에게 피해가 없도록 주의해야 한다.

청량함이 느껴지는 함충이재 입구

포장도로가 끝나갈 즈음에 작은 화살표를 따라 오솔길로 들어가면, 소나무가 우거진 함충이재가 나타난다. 이 고개는 꾀꼴봉 동남쪽에 위치하며, 꾀꼬리가 벌레를 물고 있는 형국이라 하여 '함충'이란 이름을 갖게 되었다. 이외에도 함충이재는 다양한 역사적 의미를 담고 있다.

피톤치드향이 풍기는 함충이재 안의 편백랜드(↑)
사계절 내내 곧게 뻗은 대나무가 가득한
함충이재의 마지막 지점(↓)

함충이재를 지나는 길은 작은 자연 휴양림과 같다. 울창한 숲길을 걷다 보면 콧속으로 시원한 향이 스며드는 순간이 있다. 이때 오른쪽을 보면 '편백랜드'라는 표지판이 보이고, 그 주변에는 편백나무들이 하

더 알아보기

＊함충이재의 역사

1592년(선조 25) 임진왜란이 발생하였다. 의병들은 이때 왜군들로부터 나라를 지키기 위해 목숨을 걸고 이 함충이재를 넘나들었다. 그 후에도 이 고개는 1894년(고종 31) 탐관오리들의 수탈에 더 이상 참지 못하고 농민들이 동학혁명을 일으켜 새로운 세상을 꿈꾸며 넘나들었다. 결국 동학혁명은 실패하였으나, 뒤를 이어 항일 의병항쟁의 중심 세력이 되었다. 또한 이 고개는 '소통의 고갯길'이라고도 불렸다. 1950년에 발발한 한국전쟁 이후, 사람들의 궁핍한 생활이 이어졌다. 담양과 화순 사람들은 식량을 얻고자 땔감을 해서 광주시장에 내다 팔기 위해 이 길을 이용했다. 이렇게 함충이재는 오르내리며 서로의 소식을 전한 고갯길이기도 하며, 역사적 숨결이 머물러 있는 길이다.

늘을 향해 시원하게 뻗어 있다.

상록침엽교목에 속하는 편백나무는 목재의 질이 좋아 다양한 용도로 사용되고, 피톤치드를 내뿜는 양이 많은 것으로 알려졌다. 피톤치드는 항균 작용이 매우 탁월하여 산림욕이나 아토피 치료에 좋다. 편백나무는 물에 담가 두지 않아도 6개월 정도는 푸른색을 유지한다고 한다. 이렇게 변하지 않는 특징 때문인지, 꽃말은 '변하지 않는 사랑'이라고 한다.

편백랜드가 끝나자마자 담양을 대표하는 대나무 숲길이 나타난다. 비록 길은 짧지만, 대나무의 숨결은 깊이 느껴진다. 바람에 바스락거리는 대숲 소리를 들을 수 있는 여름에 이 길을 방문한다면 더욱 시원하고 깊은 인상이 남을 듯하다.

대나무는 예로부터 사군자 중 하나로 일컬어지며, 곧은 지조와 절개를 상징하기 때문에 주로 그림의 소재나 도자기의 문양으로 널리 쓰였다. 또한, 대금이나 단소와 같은 악기로 변하여 사람의 마음을 달래주거나 정신을 맑게 해주기도 하였다. 대나무는 악기 재료로도 쓰이고, 생활용품 죽세공의 재료는 물론이고, 식재료로 쓰는 죽순을 얻을 수 있어 예로부터 대나무 숲을 '금(金)밭'이라 부르기도 하였다.

짧게 끝나는 대나무 숲길이 아쉽다면, 제5길의 구간은 아니지만 가까운 곳에 있는 담양읍의 죽녹원이나 한국대나무박물관에 방문하길 권한다. 담양은 예로부터 대나무와 관련된 죽 제품의 주산지였다. 이곳에서는 매년 5~6월경에 '담양 대나무 축제'가 열리며, 다양한 행사가 진행된다. 축제 기간이 아니더라도 죽순을 이용한 요리와 더불어 죽 제품을 이용한 다양한 물품들이 판매된다. 자세한 관련 정보는 담양군청 홈페이지(www.damyang.co.kr)에서 알아볼 수 있다.

산봉우리로 둘러싸인 정곡마을

연천마을 산음교   함충이재   정곡마을   경상마을 정자

함충이재가 끝나면 정곡리가 나타난다. 옛날에는 가마솥의 형국을 한 큰 명당이 있다 하여 '가마재' 또는 '솥골'이라고도 불렀다.

정곡리는 북산의 기슭에 자리한 산촌으로, 고개와 골짜기가 발달하였다. 정곡리에 들어서면 포장도로를 따라 현대식 건물들이 많이 자리해 있다. 현대식으로 지어진 집들을 구경하며 내려오다 보면 운치 있는 한옥이 눈에 들어온다. 전남대학교 미술학과 교수를 역임한 고 윤애근 선생(1943~2010년)의 화실로 쓰였던 '정산원'이다. 선생은 이곳에서 아름다운

고 윤애근 선생의 화실인 정산원

정곡마을 골목에서 함충이재 쪽을 바라본 모습 • 사진 제공 : 심인섭(Simpro)

산을 바라보며 생전에 주로 꽃과 곤충을 주제로 한 작품을 남겼다. 특히 직접 만든 접장지에 붓과 칼을 사용하는 전각기법으로 작품을 완성하였다고 한다.

정산원을 지나면 바로 오른편에 정곡리 마을회관과 경로당이 있고, 그 앞으로는 증암천의 줄기가 흐른다. 산음교에서 개울이 여기까지 내려온 것이다. 개울 위로 지어진 평촌교를 건너면 정곡리 입석과 제단이 있다.

정곡리 마을 길을 걸으면 오른편에 무등산 꼬막재와 누에봉이 보이고 왼쪽에는 증암천의 줄기가 흐른다. 하천 옆 정곡마을 중간에는 수령이 약 150년 된 버드나무가 마을을 지키고 있다. 높이 15m, 둘레 4m인 이 나무는 무돌길을 걷는 길손들에게 시원한 그늘을 내어 주고 있다.

정곡마을에서 경상마을로 넘어가는 길을 '절골길'이라 한다. 예전 무등산 아래에 '서봉사지'라는 절이 있던 것에서 유래한 이름이다.

　중암천 줄기의 오른쪽에는 한적한 농지가 펼쳐져 있다. 이 농지 위로는 북산(782m), 저삼봉, 유둔재가 나란히 서 있다. 주변을 둘러싼 산을 둘러보면서 발걸음을 옮기다 보면, 노거수와 함께 고색 짙은 한옥이 보인다.

　개인 소유의 한옥 '정행원'인데, 4월에는 벚꽃이 돌담 위로 흐드러지게 피고, 가을밤에는 음악회가 열린다. 바람에 흩날리는 벚꽃잎을 배경으로 사진을 찍는다면, 화보 같은 풍경이 절로 나올 듯하다. 정행원을 끼고 오른쪽으로 돌면 제5길의 끝인 경상마을 정자가 나온다.

❶ 노거수가 위치한 절골길의 끝자락 ┃ ❷ 정행원 한옥의 정문
• 사진 제공 : 심인섭(Simpro)

* 독수정과 독수정 원림

독수정의 팔작지붕 형태(↑)
독수정 원림에서 내려가는 길목에서 바라본 독수정(↓)

독수정은 고려 공민왕 때 북도안무사 겸 병마원수를 거쳐 병부상서를 지낸 고려 후기의 무신 및 절의신(節義臣)이었던 서은 전신민이 세운 것이다.

고려 패망 시기에 전신민은 두문동(杜門洞) 72현과 함께 두 나라를 섬기지 않을 것을 다짐하였다. 그리고 벼슬을 버리고 현재의 담양으로 내려와 은거하면서 독수정을 건립하였다고 전한다.

전신민은 독수정이라는 이름을 이백의 시 "백이 숙제는 누구인가, 홀로 서산에서 절개를 지키다 굶어 죽었네"라는 구절에서 따왔다. 또한, 그의 시를 보면 "바로 이 청산에 뼈를 묻으려고 굳게 맹세하여 홀로 지킬 이 집을 얽었다네."라고 정자를 지은 뜻을 다시 밝히고 있다.

전신민과 함께 조선 왕조의 잘못된 출현을 한탄하며 은둔한 선비들은 독수정에서 유유자적 시를 짓거나 자신들의 정치 철학과 사상을 주변에 은밀히 전파하기도 하였다.

독수정은 전남 지역을 통틀어서 가장 오래된 산정이지만, 현재는 독수정 원림만 전라남도 기념물 제61호로 지정되어 있다. 원래 독수정 건물은 불에 타서 유실되었으며, 현재의 독수정은 1891년에 후손에 의해 재건된 것이다. 또한 1915년에는 떼지붕을 기와지붕으로 바꾸었으며, 1972년 중수하여 지금에 이르고 있다. 이러한 이유로 정자 주변의 원림만 기념물로 지정되었다.

독수정 원림 안에는 비석이 하나 있는데, 이것은 전신민의 아들 전오돈을 기리는 기단비이다. 1470년에 작성된 전씨 세보에서 전오돈의 행적을 새롭게 발견하면서 세운 비석이다.

독수정 주변의 묘지들은 전신민 후손들의 묘이며, 전신민의 묘는 남면 금산에 있다.

＊ 의병 전적지

독수정을 내려오면 오른쪽에 의병 전
적지가 있다. 1908년 4월 5일 당시 창
평군 내남면 연천동에서 의병 약 40명
이 왜병 약 32명과 한 시간여에 걸쳐
치열한 접전을 벌이던 끝에 7명의 의
병이 전사한 전적지다.

의병의 숨결을 기린 의병 전적비와 의병 전적지의
초봄 풍경(↕)
의병과 왜군의 격전이 벌어진 의병 전적지의
초여름 풍경(↕)

＊ 서봉사지 석탑

정곡마을 뒤쪽 분지에 있었던 서봉사
는 고려 명종 때 황주 서기와 충주 판
관을 지낸 이지명이라는 사람이 창건
했는데 정유재란 때 불이 나 규모가 줄
었다가 철종 때인 1852년 폐사됐다.
서봉사지에 가기 위해서는 증암천을
따라 절골길을 타고 서봉산이라는 바
위산을 올라야 한다. 절터는 흔적만 있을 뿐 현재는 감나무 과수원으로 쓰이는 사유지이기
때문에 주인의 허락이 있어야 둘러볼 수 있다.

또한, 서봉사지 석탑은 도굴범에 의해 해체, 반출되려던
것을 1969년 전남대학교 호남문화연구소가 전남대학교
박물관으로 이전해 현재 대강당 앞 잔디밭에 세웠다.

삼층석탑 1통 옥개석 폭은 1.23m, 2층 옥개석 폭은
1.11m, 탑 전체 높이는 2.5m이다.

서봉사지 3층 석탑

• 주소 전라남도 담양군 연천리
• 거리 / 시간 총 3km / 약 50분 소요
• 코스 정보 연천마을 산음교-함충이재-정곡마을-경상마을 정자
• 화장실 독수정 뒤쪽에 공중화장실
• 대중교통 버스 (연천 정류장 하차) 충효 187
  참고 : 버스 정류장 인근에는 무등산 생태문화관리 사무소가 있다. 이곳에 사전
  예약을 하면, 해설사와 함께 무돌길을 걸을 수 있다.
• 맛집 연천교 인근 식당가

☞ 무돌길 해설사가 들려주는 이야기와 함께 제5길 걷기
☞ 〈독수정 14경〉을 읽으며, 서은 전신민 알아보기
☞ 의병 전적지에서 의병들의 마음 되새겨 보기
☞ 함충이재의 편백랜드에서 피톤치드 향 만끽하기
☞ 절골길에서 북산-저삼봉-유둔재 감상하기
☞ 정행원 돌담길에서 사진 찍기

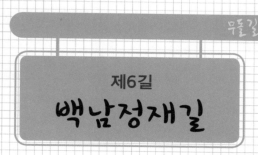

무돌길 지리기행

제6길

백남정재길

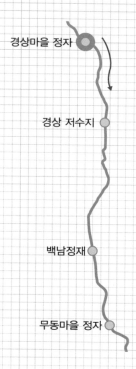

경상마을 정자

경상 저수지

백남정재

무동마을 정자

제6길 백남정재길은 구간에 백남정재가 있어서 붙은 이름이다. 길은 전라남도 담양군 경상마을 입구의 정자에서 시작하여 ⋯▸ 경상 저수지 ⋯▸ 백남정재 ⋯▸ 무동마을
정자까지이고, 구간 거리는 총 3.5km, 시간은 약 1시간 정도 소요된다.

백남정재는 영산강 수계와 섬진강 수계의 경계선이자 한반도 13정맥 중의 하나인 호남 정맥이 지나는 곳이며, 구한말 우리나라 의병들이 다니던 전략적 요충지로 수백 명의 의병들이 넘어 다니던 길이라 하여 붙은 이름이다.

무등산 자락의 정기를 한 몸에 받으며 경상마을 입구에 들어서면, 자연과 하나 되어 소박하고 여유로운 생활을 하고 있는 마을 사람들을 만나 이야기를 나눌 수 있다. 또한 경상마을의 맛집인 텃밭농원에서 쉬어 가면서 시골마을의 훈훈한 인심과 푸짐하고 맛있는 음식들을 맛볼 수 있다.

제6길은 가벼운 마음과 편안한 차림으로 걷는 재미와 정겨움을 여운으로 남겨 주는 길이다. 일상생활에서의 무거운 짐들을 잠시 내려놓고, 따스한 햇빛 아래 무돌길을 천천히 걸으며 아름다운 자연 경관을 느껴보고 만져보자. 사진으로 한 장 한 장 남기면서 자신만의 추억거리를 만들어 나가는 것 또한 무돌길이 주는 또 다른 즐거움 중의 하나일 것이다.

주변 주요 볼거리로, 경상 저수지와 자비암, 서봉사지 등이 있고, 제6길의 구간에서 살짝 벗어나면 등산로 쪽으로 유둔재가 있다.

명산의 정기를 품은 경상마을

경상마을 정자　　　경상 저수지　　　백남정재　　　무동마을 정자

경상마을 정자(↑)
경상마을에서 경상 저수지로
가는 갈림길(↓)

　경상마을 정자 옆에는 이 마을의 유래를 알리는 비석이 서 있다. 비석에
따르면, 마을 동쪽으로는 초유사, 서쪽에는 훌륭한 정기가 서린 무등산,
남쪽에는 무등금광, 북쪽에는 재상이 나온다는 왕당산이 자리하고 있다
고 기록되어 있다.

　마을 표지석과 당산나무가 있는 마을 정자를 지나 왼쪽으로 길을 따라
걷다 보면 우람한 버드나무 두 그루가 우아한 자태를 뽐내고 서 있다. 그

마을 입구에서 내려다본 경상마을

옆에는 돌담 너머로 푸른 잔디 위에 군데군데 정원석이 놓여 있는 마당을 가진 고택의 멋스러움이 풍취를 더하고 있다. 경상마을 앞으로는 증암천이 흐르고 상류에는 경상 저수지가 축성되어 있어 물레방앗골 또는 절터 마을로도 불린다.

현재 경상마을은 가구 수가 약 30세대에 이르며, 김해 김씨가 20여 호로 집성촌을 이루어 논농사와 옥수수, 하우스 딸기 농업을 생계로 삼고 있다.

제5길의 정곡마을에서 가는 서봉사지는 이곳에서도 올라가는 길이 있다. 마을 입구 정자에서 100m 정도 큰길을 따라서 올라가면 갈림길이 나오는데 여기서 오른쪽 방향이 서봉사지로 가는 길이다.

서봉사지로 가는 길은 무등산 누에봉을 정면으로 바라볼 수 있는 곳이다. 누에봉은 무등산의 북쪽에 있다고 하여 북봉이라고도 하며, 누에머리 같다고 해서 '잠두봉'이라고도 한다.

　기암괴석에 둘러싸여 요새 같은 서봉사지 옆은 무등산 주변을 따라 흐르는 증암천의 발원지이기도 하다. 예전 담양 지역 주민들은 서봉사지에서 누에봉을 거쳐 무등산 천왕봉에 올라가 제를 지냈다고 한다.

경상마을에 없어서는 안 될 경상 저수지

　경상마을 정자에서 길을 따라 약 10분 정도 올라가다가 갈림길에서 왼쪽으로 꺾으면 경상 저수지가 나온다. 경상 저수지는 1962년에 준공된 것

농업용수로 이용되는 경상 저수지

＊ 선녀가 내려왔다고 전해지는 옥녀탕

경상 저수지 옆의 포장
된 길을 따라 10분 정도
걷다 보면 작은 시멘트
다리 하나가 보이는데,
거기서 오른쪽으로 보
이는 것이 옥녀탕이다.
시원한 물줄기가 인상

시원한 물줄기가 일품인 옥녀탕

적인 '옥녀탕'은 선녀가
하늘에서 내려와 몸을 씻었던 곳이라고 하여 붙은 이름이다.

으로, 경상리와 정곡리의 농사를 짓는 사람들에게 농업 용수를 공급하는
등 중요한 역할을 담당하고 있다.

경상 저수지 옆 포장이 된 윗길 다리 부근에는 매화밭 농장과 옥녀탕이
있어 봄에는 아담한 풍광을, 한여름에는 시원함을 더해 준다.

마냥 평온해 보이는 경상 저수지는 아픈 상처가 있다. 일제강점기에 근
처 산에서 사금토를 채취하여 이곳의 물로 침전시키는 작업을 했는데, 이
때 파 놓은 웅덩이 흔적들이 저수지 바닥에 지금도 남아 있다. 또한 한국
전쟁 당시 이곳에서 전사한 군인들과 일명 빨치산 토벌작전을 하면서 죽
은 시신들을 따로 처리하지 않고 마을 주민들을 동원해 저수지를 축조하
면서 그대로 수장시켰다는 말이 전해진다.

의병들이 전략적 요충지로 이용한 백남정재

경상마을 정자 ─○───── 경상 저수지 ○───── 백남정재 ○───── 무동마을 정자 ○

옥녀탕에서 5분 정도 가다 보면 백남정재로 올라가는 입구가 보인다. 백남정재는 높이 약 432m이며, 경상마을에서 전라남도 담양군 남면 무동리의 무동마을로 넘어가는 고개이다.

백남정재라는 명칭의 유래 중에서 '지난 날 도둑의 무리가 행인들의 소지품을 터는 일이 종종 일어나 장정 백 명이 모여야만 넘을 수 있었다.'라는 이야기가 있는데 이것은 잘못 전해지는 말이다.

본래는 임진왜란, 동학농민운동 등 나라를 구하기 위한 우국지사, 의병들이 요충 전략지로 이용하며 수백 명이 넘어 다니던 길이라는 뜻에서 '백

백남정재 입구의 이정표

남정재'라고 이름 붙였다. 또한 백남정재는 '배남저재'라고도 하고 '무동
촌재'라고도 불리며, 옛날에는 이곳이 바다여서 배의 닻줄을 매던 곳이라
고도 한다. 무동리 주민들은 이 고개에 배나무가 많다고 해서 '배남정재'
라고도 말한다.

백남정재 산길

백남정재 입구에서 25분
정도 등산하면 나오는 정상
부에는 왼쪽으로 유둔재로
올라가는 길이 있다. 정상부
주변에 있는 돌무더기들은
이곳을 지나는 길손들이 안
녕과 복을 빈 흔적이다.

백남정재는 무돌길 전체
15길 구간 중 가장 가파른 편
에 속한다. 길이 좁고 가파르
며, 매우 위험하므로 발목을
접질리지 않도록 주의하면서
걸어야 한다. 또한 여름철에
는 벌레가 많아 긴소매 옷과
벌레기피제를 챙기는 것이
좋고, 겨울에는 등산을 삼가
야 한다.

가파르고 조금 험난한 길
이지만 백남정재의 정상에

다다랐을 때의 그 상쾌함과 개운함은 말로 표현할 수 없다. 무등산의 푸르른 풍경과 마을의 웅장한 느티나무를 바라보고 있으면 일상생활의 스트레스가 한순간에 날아가는 기분을 맛볼 수 있다.

제6길은 백남정재를 넘어 무동마을에 이르면 끝이 난다. 무동마을에는 현대식 가옥도 몇 채 있지만, 그중에서도 눈에 띄는 집이 한 채 있다. 아담한 기와집에 아기자기한 장식이 많은 집으로, 한지로 바른 창문이 독특하다. 사옥이지만 문을 두드리면 마음씨 좋은 집주인이 흔쾌히 집 구경을 허락할 것이다.

더 알아보기

*유둔재

백남정재와 유둔재는 호남 정맥의 일부분이다. 유둔재는 전라남도 담양군 남면 경상리에서 가암리 혈암으로 넘어가는 고개이다. 호남 정맥이 국수봉을 거쳐 남동쪽으로 뻗어 이 고개로 내려서다가, 다시 북산으로 올라 무등산으로 이어진다. 영산강 수계인 증암천과 섬진강 수계인 동복천의 분수령이 된다. 현재 887번 지방도를 따라 서편 시가 문화권에서 동편 화순 물염정과 화순온천과 통한다. 유둔재는 예전에 군사들이 진을 친 곳으로 전해진다.

*호남 정맥 구간

전라북도 장수군 주화산에서 전남 지역을 동서로 가로지르고 전남 광양시 백운산에 이르는 약 65km의 산줄기로, 한반도 13정맥 중 하나이다. 전라남북도의 지역 구분에도 중요한 영향을 끼쳤다.

이 산줄기에는 곰재, 만덕산, 경각산, 오봉산, 내장산, 백암산, 추월산, 산성산, 설산, 무등산, 천운산, 두봉산, 용두산, 제암산, 일림산, 방장산, 존제산, 백이산, 조계산, 희아산, 동주리봉, 백운산 등이 있다.

볼거리

＊ 경상마을 느티나무

경상마을에는 큰 느티나무가 곳곳에 있다. 마을 정자 앞에 한 그루, 이정표를 따라 올라가면 마치 관문처럼 서 있는 두 그루의 느티나무, 그리고 좀 더 길을 따라 약 5분 올라가면 차밭이 나오고 차밭 바로 옆에 아주 큰 보호수 한 그루가 있다. 이 나무는 마을의 당산나무로서 지금도 해마다 정월 15일이면 마을 사람들은 당산제를 지내고 있다. 1992년 3월 9일 전라남도 기념물 제141호로 지정되었다. 둘레 11m, 수관이 40m에 이르는 노거수이지만 모습이 아주 건강하고 위풍당당하여 무돌길을 찾은 여행객들은 그 모습에 절로 탄성을 자아낸다.

＊ 자비암

경상 저수지에서 걸어오면 나오는 갈림길에서 오른쪽으로 길을 따라 20분 정도 올라가

경상리 느티나무
• 사진 제공 : 심인섭(Simpro)

면 작은 법당이 나온다. 자비암 법당은 1990년에 지어졌고, 무등산 북산이 뒷쪽에 둘러서 있다. 무등산 북산은 높이 약 778m의 전라남도 담양군 남면 정곡리에 위치한 산으로, '신선대' 또는 '고산'이라고도 부른다. 주변은 억새밭이고, 정상에는 주상절리가 있으며, 절골에는 서봉사지가 있다.

자비암

찾아가기

- 주소 전라남도 담양군 남면 경상리
- 거리 / 시간 총 3.5km / 약 1시간 소요
- 코스 정보 경상마을 정자-경상 저수지-백남정재-무동마을 정자
- 대중교통 버스 (경상리 정류장 하차) 담양 225
- 맛집

경상마을 텃밭농원

메뉴 : 닭볶음탕 등

주소 : 전라남도 담양군 남면 경상길 79

전화번호 : 061-382-3223, 010-3647-1245

텃밭농원

Tip

☞ 경상마을의 웅장한 느티나무 감상하기

☞ 경상 저수지와 매화밭이 한데 어우러진 풍경 감상하기

☞ 옥녀탕의 맑고 시원한 물에 손발 담그고 땀 식히기

☞ 백남정재를 오르며 옛 의병들의 애국심을 되새겨 보기

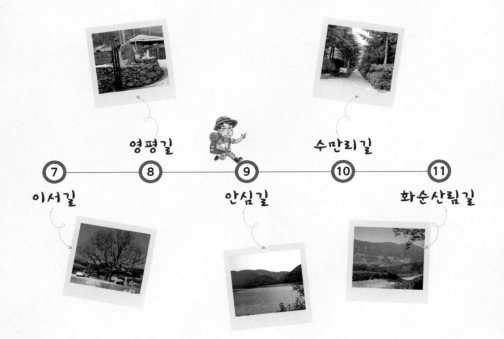

영평길

수만리길

7   8   9   10   11

이서길

안심길

화순산림길

3부

전남 화순 구간

⑦ 무동마을 정자

⑧ 화순초등학교
  이서분교장

⑨ 안심마을 정자

⑩ 안양산 휴양림

⑪ 큰재 쉼터

무돌길 여행 가이드

무등산 둘레 따라 광주, 담양, 화순 걷기

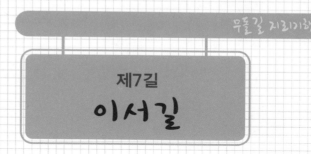

제7길

이서길

● 무동마을 정자

★ 길 주의 구간!

길 주의 구간! ★ ● 무동 저수지

● 송계마을

● 서동마을

용강마을 ●

● 화순초등학교
이서분교장

제7길 이서길은 대부분 포장된 농로로 비교적 평탄한 편이어서 부담 없이 걷기에 좋은 길이다. 길은 담양군 무동마을 정자에서 시작하여 ⋯ 무동 저수지 ⋯ 송계마을 ⋯ 서동마을 ⋯ 용강마을 ⋯ 화순초등학교 이서분교장까지이고, 구간 거리는 총 3km, 시간은 약 1시간 정도 소요된다.

고즈넉하고 조용한 마을 돌담 골목길을 걸어가다가 중간중간에 놓여 있는 정자에서 잠시 숨을 돌릴 수도 있고, 마을의 수호신 조탑, 마을의 생명력을 보여 주는 우물 등도 구경할 수 있다.

논둑과 밭둑을 걸으면서 농작물의 변화를 통해 계절의 변화를 느낄 수 있는 길이다. 농작물의 변화를 가까이 볼 수 있는 길이므로 도심에 사는 아이를 동반한 가족 여행객에게는 살아 있는 자연 교육의 장이 될 수 있다.

주변의 볼거리로는 장맛으로 유명한 무동골 전통장, 탁 트인 개방감 있는 풍경을 선물해 주는 무동 저수지, 여름철 더위를 날려 버릴 시무지기 폭포 등이 있다.

제7길은 도심의 각박함을 벗어나 여유와 시골의 넉넉한 인심이 느껴지는 길이라고 할 수 있다.

수령 320여 년의 느티나무가 있는 무동마을 정자

무동마을 정자 — 무동 저수지 — 송계마을 — 서동마을 — 용강마을 — 화순초등학교 이서분교장

무동마을 돌담길(↑)
무동마을 샘(↓)

　　무동마을 정자는 마을의 입구에 있는데 커다란 느티나무 노거수에 둘러싸여 있다. 이 느티나무는 보호수로 지정되어 있으며 수령 약 320년에 나무둘레 3m, 높이 18m에 이르는 거목이다.

　　무더운 여름날 마을에 쉼터와 그늘을 제공하는 느티나무 옆에는 버스 정류장이 있다. 붉은 벽돌로 지어진 전형적인 시골의 버스 정류장은 친근한 정다움이 느껴진다.

무동마을은 약 37가구가 살고 있는 소담하고 아름다운 마을이다. 마을에는 요즘 쉽게 보기 힘든 마을 샘이 있다. 맑은 샘을 보고 있으면 따스한 봄날 아낙들이 이야기꽃을 피우며 빨래하는 모습이 머릿속에 그려진다. 샘물은 맑고 깨끗하기로 유명하다.

그래서인지 무동마을의 장 또한 맛이 좋기로 소문났다. 좋은 장맛을 내기 위해서는 좋은 재료와 장이 숙성되기 좋은 환경, 장을 담그는 이의 솜씨와 마음가짐이 중요하다. 특히 가장 기본인 재료의 질이 중요한데 그중에서도 물은 장맛을 크게 좌우하는 중요 요인 중 하나이다. 이러한 장맛을 내는 데 마을 샘물이 한몫을 하고 있었던 것이다. '무동골 전통장'이라는 맛좋은 장을 담그는 곳도 잠시 둘러보고 지나가는 것도 좋다.

무동마을의 또 다른 자랑거리는 돌담이다. 투박하지만 자연스럽고 아

무동마을 정자와 느티나무 • 사진 제공 : 심인섭(Simpro)

름다운 돌담과 아기자기한 골목 주변의 나무와 식물들이 조화를 이루어 고즈넉하고 정겨운 시골 풍경을 만들어낸다.

또한 돌담을 따라가다 보면 자랑스러운 우리 역사 속 인물인 한말 의병 김태원 장군과 양진여 장군의 활약상을 기리는 전적비가 무동촌과 수구촌 사이에 있다.

무동골 전통장 입구(↑) | 김태원, 양진여 의병 전적비(↓)

무동 저수지와 주변의 수려한 농촌 경관

무동마을 정자　　무동 저수지　　송계마을　　서동마을　　용강마을　　화순초등학교 이서분교장

　　무동마을 정자를 지나 무동 저수지 방면으로 가다가 갈림길을 지나치면 평탄한 오르막길을 오르게 된다. 양 옆으로는 계단식 논들이 있고 뒤편으로는 산으로 둘러싸인 들판이 보인다.

　　오르막길을 중간쯤 가다 보면 개인 소유의 식목장이 있다. 식목장에는 메타세쿼이아, 향나무, 목련나무, 단풍나무, 산수유나무, 벚나무 등 여러 가지 나무가 식재되어 있다. 다양한 나무가 한곳에 모여 계절마다 다양한 꽃과 색색의 단풍을 뽐내고 있어서 이 구간을 걷는 사람들의 눈을 즐겁게 한다.

식목장을 지나면 사거리가 나온다. 이 중 9시 방향에 경사가 급한 오르막이 있는데 이 구간은 무등산 등산로이며, 10시 방향의 길은 논으로 이어지는데, 소를 기르는 우사로 이어지는 길이다. 마지막 소나무 숲으로 이어진 2시 방향이 무동 저수지 방면이다. 표지판에 유의하여 길을 찾아가면 된다.

이 구간 오른쪽에는 아름드리 소나무가 빽빽하게 서 있으며, 왼쪽으로는 탁 트인 논과 평야 지대가 보인다. 그리고 다음 행선지인 송계마을도 한눈에 보인다.

이 길은 찔레나무가 길 양옆으로 자라고 있다. 찔레나무는 장미과에 속

❶ 찔레와 소나무 숲길 ❷ 찔레꽃 ❸ 무동 저수지 갈림길 ❹ 무동 저수지에서 흐르는 계곡

하며 가시가 많고 냇가나 골짜기에 잘 자란다. 5~6월에는 찔레나무에 하얀 꽃이 핀 모습을 볼 수 있다.

소나무 길을 걷다 보면 갈림길이 나온다. 송계마을로 이어지는 길과 무동 저수지로 이어지는 두 갈래의 길이다. 아래로 내려가는 내리막길은 송계마을로 이어지는 길이다. 나뭇잎이 무성한 계절에는 무돌길을 알려 주는 리본이 잘 보이지 않으므로 주의를 기울이며 걸어야 한다.

송계마을로 가지 않고 소나무 길을 계속 걸어가면 무동 저수지에 도착한다. 무동 저수지는 농업용수로 사용하기 위해 1985년에 지어진 저수지로 높이는 28.8m, 길이는 183m에 달한다. 저수지의 위로 올라가 보면 시원한 바람과 함께 물에 비추는 무등산과 뛰어난 경치를 볼 수 있다.

송계마을 입구의 당산나무

멋스러운 한옥이 있는 고즈넉한 송계마을

무동 저수지   서동마을   화순초등학교 이서분교장

무동마을 정자   송계마을   용강마을

소나무길 갈림길로 돌아와 내리막길을 주의하며 걷다 보면 계곡을 따라 길이 있다. 길 주위로 계단형 논들이 펼쳐져 있는데, 그중 감나무가 논 한가운데에 떡하니 자리 잡은 논이 있다. 감나무가 있는 이 논을 보게 된다면 송계마을로 잘 찾아왔다는 뜻이기도 하다. 논 한가운데 감나무가 자리 잡고 있어 걷는 사람들의 호기심을 자극한다.

또한 특별한 경치도 선물하는데 특히 가을에 빨간 감과 누렇게 익은 황금 들판의 조화는 보는 사람의 마음마저 풍성하게 만든다. 계곡을 따라

송계마을 한옥과 갈림길

난 길의 경치를 감상하면서 500m
정도 내려가다 보면 송계마을의
중간 부분에 도착한다.

　이때 멋스러운 한옥을 중심으
로 왼쪽으로 가면 마을의 입구 쪽
이고, 오른쪽으로 가면 마을의 위
쪽이다.

　송계마을은 원래 마을 모습이
'삽 모양'으로 생겼다고 하여 '삽
재'라고 불렀는데, 이후 마을에 큰
소나무가 있다는 것에 유래하여
'송계'라고 부르게 되었다고 한다.

담벼락과 담쟁이 넝쿨(↑) | 송계마을의 수호신 조탑(↕)

　송계마을을 둘러보기 위해, 입구 쪽으로 발길을 돌리면, 도화지 같은 넓
은 시멘트 담에, 담쟁이 넝쿨이 아름다운 그림을 그려 놓은 것 같은 모습
을 볼 수 있다. 더 내려가 송계마을 입구에 도달하면 송계마을 당산나무
와 정자, 그리고 조탑을 볼 수 있다.

　송계마을 입구 당산에는 타 지역에서는 보기 드문 전통적인 수구맥 조탑
이 있다. 반구형의 돌무더기를 쌓고 그 위에 자그마한 선돌을 올려놓은 형
태인데 주로 마을의 기가 허한 곳을 보호하려는 의도에서 세우며 마을의
수호신 역할을 한다. 이 밖에 민속 신앙의 흔적으로 당산 터를 볼 수 있다.

　송계마을 입구의 반대편인 마을의 위쪽으로 걸어 올라가면 화살표로
무돌길 제7구간을 알려 주는 이정표가 잘 되어 있다.

　송계마을에서 벗어나 길을 가다 보면 갈림길이 나온다. 이때 포장된 시

멘트 길로 꺾어 가면 안 되고, 가드레일에 표시되어 있는 붉은 화살표를 따라 정면의 가드레일 뒤쪽으로 논둑 사이를 지나가는 흙길로 가야 한다. 길을 잘못 들지 않도록 주의가 필요한 구간이다.

겨울철에는 황량한 들판이지만 겨울이 지나 봄이 오고 초여름이 오면 파릇파릇한 모가 심어져 있다. 한여름에는 모가 무럭무럭 자라 벼가 되고 푸른 초록 들판을 선물한다. 가을이 되면 벼가 알곡이 차고 익어 들판은 온통 황금색으로 뒤덮여 장관을 연출한다.

논둑 구간을 지나가다 보면 삼거리 갈림길을 만난다. 집에 딸린 감나무 농장을 끼고 계곡의 상류 쪽으로 가면 용강마을이 나타난다. 계곡을 따라 하류로 내려가게 되면 서동마을이다. 진행 방향은 용강마을 쪽이지만, 잠시 걸음을 뒤로 옮겨 돌담길이 정겹게 맞아 주는 서동마을을 둘러보는 것도 좋다.

제7길에서 가장 큰 마을인 서동마을

서석산(무등산의 옛 이름) 아래에 있는 동네라는 의미의 '서동마을'은 과거에는 서석산 동쪽에 위치한 마을이라는 뜻으로 '서동촌'이라 불렸으며, 어진 사람이 나는 마을이라는 뜻으로 '인동(仁洞)'이라고 불리기도 했다. 마을을 세분하면 우데미, 아리데미로 구분된다. 과거에는 50호 이상의 가

서동마을 입구(↕)
풍요로움을 자랑했던 서동마을 정미소(↕)

구가 있었지만 현재는 약 30가구가 있다.

제7길에 속한 마을 중에 규모가 가장 큰 마을이다. 이곳에는 현재 운영하지는 않지만 정미소 건물이 아직 남아 있다. 정미소가 있는 것으로 미루어 보아 이 주변에 논이 많다는 것과 곡창 지대라는 것을 짐작할 수 있다.

요즘에는 도로와 운송 수단의 발달로 마을 단위가 아닌 면 단위의 대형화되고 현대화된 미곡처리장이 생기면서 마을의 소규모 정미소들은 설자리를 잃었다. 또한 집집마다 쌀을 빻아 찧거나 말리는 기계를 갖게 된것도 시골의 작은 정미소들이 사라지게 된 이유 중 하나이다.

무등산 계곡에서 발원하여 시무지기폭포를 거쳐 서동마을을 통과하는 개울 양쪽에는 커다란 느티나무와 정자가 있다. 느티나무가 만들어 주는

서동마을 느티나무와 정자

*시무지기폭포

시무지기폭포
• 사진 제공 : 심인섭(Simpro)

시무지기폭포는 화순군 이서면 용강마을 심우지기계곡 상류(높이 700m)에 위치해 있다. '시무지기'라는 이름의 유래는 비가 그치고 햇살이 비추면 세 개의 무지개가 뜬다고 하여 '세무지기'에서 유래한다고 한다.

무등산 중턱에 있는 폭포로 유량이 풍부한 여름철에는 멀리 산 아래 화순군 이서면 쪽에서도 하얀 폭포가 보일 정도로 웅장한 자태를 뽐낸다. 하지만 물이 마른 갈수기에는 폭포를 찾아보기가 힘들다. 안전을 위해서 7월 1일부터 8월 말까지 국립공원관리공단에서 통제한다.

그늘은 무더운 여름날 무돌길을 걷는 이의 더위를 식혀 주기도 한다. 느티나무의 수령은 약 360년, 높이는 22m나 되는 커다란 나무이다.

추운 겨울에도 따뜻한 샘물이 샘솟는 용강마을

따뜻한 물이 나왔다고 전해지는
용강마을 우물

계곡 상류를 따라 걸어 올라가다 보면 마을을 벗어나게 되고, 삼거리를 만나게 된다. 이후 이정표대로 갈림길을 따라 올라가다 보면 계곡을 건너는 구간을 만나게 된다. 이 구간은 소나무 숲길로 서동마을과 송계마을을 가로지르는 무등산 줄기를 넘어가는 구간이다. 포장이 되지 않은 산길 구간으로 약간의 경사가 있지만, 그리 높지 않으므로 쉽게 넘을 수 있다. 울창한 소나무 숲을 지나는 구간으로, 소나무에서 뿜어내는 향 때문에 머릿속이 맑아지면서 잡념이 사라지는 기분이다.

소나무 숲을 지나오면 논둑을 지나게 되고, 끝부분에서 마을 방면인 왼쪽으로 걸어가면 다시 시멘트 포장도로를 만나게 된다. 길을 따라 내려오다 보면 왼쪽에는 매화 밭이 있고 오른쪽에는 농사 짓는 밭이 자리 잡고 있다. 이어서 대나무 숲을 만나고 굽이굽이 내려오다 보면 용강마을의 마을회관에 도달하게 된다.

양현당을 지나 갈림길에서 왼쪽의 탱자나무 담에 매화나무가 있는 곳으로 걸어가면 얼마 지나지 않아 시원한 대나무 터널을 지나게 되고, 이곳을 통과하면 다정한 부부처럼 나란히 서 있는 두 그루 소나무 '부부송'을 만나게 된다. 부부송이 있는 언덕에는 평상이 있으니 소나무를 감상하

이서분교장 가는 길의 부부송

* 온수골이라 불리던 용강마을

용강마을의 입구에는 용강 마을회관이 위치해 있고, 그 앞의 용강길을 따라 마을을 형성하고 있다. 용강마을은 인계리에 속하는 마을이다. 인계리에는 이 밖에 서동마을, 송계마을이 속한다. 용강마을에는 커다란 우물이 있는데, 이 우물에서 마을의 이름이 유래하였다. 처음에는 물이 따뜻하다고 하여 '온수골'이라 불렀다.

마을회관을 따라 길을 가다보면 온수골의 유래인 마을 우물이 있다. 겨울철에 따뜻한 물이 나왔다고 전해지는 우물은 보존을 위해 현대식으로 개조되어 있으며 현재는 잘 사용하지 않아 우물 뚜껑이 닫혀 있는 날이 많다.

며 잠시 쉬어 가도 좋겠다. 부부송 근처에는 양봉을 하는 곳이 있으므로 벌에 쏘이지 않도록 주의해야 한다.

부부송을 끼고 오른쪽으로 가면 고가 수로가 보이는데 이 구조물은 고대 로마의 수로를 연상하게 한다. 고가 수로는 고저 차가 반복되는 구간에 농업 용수를 공급하기 위해 만들어진 구조물이다.

고가 수로를 바라보며 길을 걷다보면 고가수로 밑에 흰 점이 박힌 통

❶ 부부송 근처의 양봉 통
❷ 표고버섯이 자라는 통나무

나무 더미가 세워져 있다. 이것은 표고버섯을 키우기 위한 참나무 표고목이다.

언덕을 넘어가면 정면에 화순초등학교 이서분교장이 보이기 시작한다. 학교 담을 따라 왼쪽으로 걷다 보면 2차선 도로를 만나게 되고 잠시 후 이서분교장 정문에 도달한다. 도로의 오른쪽으로는 메타세쿼이아 나무들 사이로 무등산을 볼 수 있다. 이서분교장 정문에는 무등산 순환버스 정류장이 있으므로 참고하면 좋다.

✳ 전설이 전해지는 용당폭포

용당폭포는 용강마을의 서쪽 뒷산에 위치하고 있다. 마을의 전설에 의하면 이곳에서 용이 승천하였다고 하여 '용당폭포'라 이름을 지었다고 한다. 용당폭포에는 용두석에 관한 전설이 있다. 이 마을이 생긴 이후 극심한 가뭄이 들어 곡식이 말라죽게 되었다. 물이 귀하게 되자 인근 농지에 서로 먼저 물을 대기 위해 주민과 권세가들 사이에 마찰이 생겼다. 이때 화가 난 농부가 돌을 던져 용두석을 깨 버렸는데 떨어진 부분에서 피가 나왔다는 전설이 전해진다.

✳ 자연 의학의 중심 양현당

용강마을 우물을 지나 큰길을 따라 올라가다 보면 왼쪽에 커다란 전통 한옥이 보인다. 민족생활 교육원 양현당(養賢堂)이다. 양현당은 대체의학의 세로운 지평을 연 장두석 이사와 1,900여 명의 평생회원들이 십시일반 모금을 통해 세웠다. 민족생활 교육 의학 단식 및 생채식 이론과 실

양현당 전경

천 요령을 가르치며, 이를 통해 체질 개선과 질병 예방 등 자연 치유 방법을 알리기 위해 설립되었다. 또한, 우주 운행의 질서에 순응하며 과학적인 생활 문화를 지켜 온 선현들의 지혜를 배우고 역사 의식, 환경 문제 등 생활지도사 양성을 목표로 교육을 진행한다.

• **전화번호** 061-373-6364, 062-224-6364, 02-3471-8336

찾아가기

- 주소 전라남도 담양군 무동리
- 거리 / 시간 총 3km/약 1시간 소요
- 코스 정보 무동마을 정자-무동 저수지-송계마을-서동마을-용강마을-화순초등
  학교 이서분교장
- 대중교통 (무동마을 정류장 하차)

  담양농어촌 2-3

  *광주광천터미널에서 오후 1시에 1일 1회 운행, 약 1시간 40분 소요

  담양농어촌 2-4

  *광주광천터미널에서 오후 2시와 5시에 1일 2회 운행, 약 2시간 소요

  참고 : 비교적 다른 구간에 비해 교통이 불편하므로 무등산 순환버스를 이용하거
  나 다른 구간과 함께 걸을 것을 추천한다.

Tip

☞ 의병들의 역사가 살아 숨 쉬는 무동마을 돌담 구경하기

☞ 시골길을 걸으며 들꽃과 농작물을 보며 계절의 변화를 느끼기

☞ 여름철 더위를 날릴 수 있는 시무지기폭포에서 쉬어 가기

☞ 풍성한 들판을 바라보며 시골의 넉넉함을 느끼기

☞ 마을 사람들과 인사하며 교감하는 시간 갖기

☞ 마을마다 전해지는 이야기 듣기

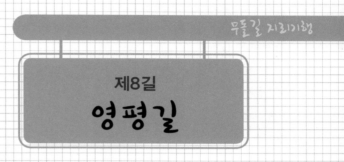

제8길

영평길

화순초등학교
이서분교장

도원마을

OK목장

★ 길 주의 구간!

안심마을 정자

제8길 영평길은 전체 15구간 중에서도 무등산을 조망할 수 있는 가장 아름다운 구간으로 꼽힌다. 길은 화순초등학교 이서분교장에서 시작하여 ⋯▸ 도원마을 ⋯▸ OK목장 ⋯▸ 안심마을 정자까지이고, 구간 거리는 총 4km, 시간은 약 1시간 20분 정도 소요된다.

영평길은 도로변 곳곳에 뽕나무 가로수가 조성되어 이색적인 느낌을 받는다. 또한 도원마을에는 무등산의 3대 절경 중 하나인 '규봉암'으로 오를 수 있는 등산로가 있다.

규봉암으로 가는 길에는 많은 돌탑이 있어 향토적인 정취를 느끼게 해준다. 영평마을에서 도원마을로 가는 오르막을 제외하고는, 길 전체가 평지이거나 내리막길이라 가족끼리 또는 연인끼리도 무등산을 조망하며 여유롭게 걷기에 무난하다.

제8길 구간인 화순초등학교 이서분교장 정문에서 보는 무등산의 모습은 그야말로 장관이다. 또한 이서분교장을 지나 걷다 보면 한국에서 가장 아름다운 마을로 선정된 영평마을(영신마을)이 나온다. 잠시 멈춰 서서 마을의 아름다운 풍경을 감상하고 있으면, 자연스레 시골의 향토적인 정취에 흠뻑 젖어든다. 이곳에서 소중한 사람과의 사진 한 장은 아름다운 풍경만큼 좋은 추억이 될 것이다.

영평마을을 지나 도원마을로 가는 길에 서서 무등산을 바라보면 하늘을 찌를 듯한 기암괴석이 보인다. 이곳이 바로 규봉암 옆의 광석대이다. 입석대 및 서석대와 더불어 무등산 3대 석경으로 꼽히는 만큼, 산행 장소로도 적극 추천한다.

그뿐만 아니라 '도원마을'의 별장 같은 집들과 특이한 별미를 맛볼 수 있는 'OK목장'을 거쳐, 두부 만들기나 뽕잎 인절미 만들기와 같은 다양한 프로그램을 체험할 수 있는 '안심마을'까지 다채로운 매력이 집결된 구간이다.

가벼운 등산을 하며 걷고 싶거나 가족 또는 연인과 함께 아름다운 풍경을 감상할 수 있는 교외로 나가고 싶은 사람들에게 적극 추천하는 구간이다. 길 중간에 매점이 없으니, 출발 전에 식수나 도시락을 준비하는 것이 좋다.

주요 볼거리로는 장불재 등산 코스와 규봉암, 설시암 등이 있다.

90여 년 역사의 화순초등학교 이서분교장

화순초등학교 이서분교장   도원마을   OK목장   안심마을 정자

❶ 화순초등학교 이서분교장
❷ 노란 산수유 꽃이 피어 있는 영평마을 입구
❸ 한국에서 가장 아름다운 마을로
선정된 알림판

　이서분교장은 뒤로 무등산 자락을 품고 있다. 현재 교직원은 총 5명, 학생 수 7명의 작은 분교지만, 2014년 2월 18일에 제79회 1명이 졸업했으

며, 총누계로 2,393명의 학생을 배출해낸 87년의 역사와 전통이 있는 학교이다.

이서분교장에서 오른쪽으로 꺾어 걷다 보면 규봉암으로 가는 표지판이 보인다. 무등산과 가까워진 것을 실감할 수 있는 길이다. 탁 트인 들과 길가의 벚꽃나무와 대나무 숲을 보면서 걷노라면 절로 마음이 가벼워질 것이다.

영평마을 입구에 보면 고풍스러운 한옥의 진양 하씨의 제각 '서원재'가 보인다. 서원재 안에는 보호수로 지정된 멋들어진 소나무가 있다.

서원재를 지나 영평마을로 들어가는 길에 노란 산수유 나무가 바람에 흔들리며 어서 오라는 듯이 반겨 준다. 마을로 한 발짝 들어서니 한국에서 가장 아름다운 마을이라는 알림 표지판이 자랑스럽게 세워져 있다.

노송 군락들로 둘러싸인 진양 하씨 서원제

2011년에 가장 아름다운 마을 3호로 지정된 영평마을은 '한옥과 현대식으로 지어진 집'이 아름답게 조화를 이루고 있다.

표지판에 보면 '영평마을'이 아니라 '영신마을'이라고 표기되어 있다. 영평마을은 본래 영신마을과 유평마을을 합쳐서 지은 이름이어서, 아직까지 표기가 남아 있는 곳이 있다. 현재는 영신마을이라는 명칭은 쓰지 않는다.

낮게 쌓은 돌담과 넝쿨식물이 잘 어우러진 영평마을 골목길 모습에서 소소한 아름다움을 느낄 수 있다. 길을 걷다 보이는 한옥 정원의 정성들여 손질한 꽃들도 보는 이의 시선을 사로잡는다. 바로 옆에 현대식으로 지어진 집은 만발한 장미꽃과 함께 동화 속 집을 연상시킨다.

마을 밖으로는 소나무 숲들이 시원하게 자리 잡아 상쾌한 공기와 기분을 주고 있다. 마을 전체가 조용하고 예쁜 분위기라서 왜 아름다운 마을로 선정됐는지 고개가 끄덕여진다. 영평마을에서 시간을 들여 쉬어 가는 것도 좋을 것이다. 펜션 같은 숙박 업체는 따로 없지만, 마을 부녀 회장님이 민박을 소개해 주고 있고 마을회관에서도 숙박이 가능하다고 하니 참고하면 좋다.

신선이 살았다고 전해지는 도원마을

화순초등학교 이서분교장   도원마을   OK목장   안심마을 정자

예전에 주민들의 식수로 사용할 정도로 깨끗한 물이 흘렀다는 영평마

도원마을 입구의 도원마을 쉼터(↑)
마을 입구 언덕에서 바라본 마을 전경(↓)

을의 설시암을 뒤로하고 다음 마을인 도원마을로 발걸음을 재촉한다. 뜨거운 태양으로 달궈진 아스팔트 길이지만 길 옆의 나무들이 시원한 그늘을 제공해 준다.

오르막길을 따라 15분 정도 걷다 보면 규봉암으로 올라가는 표지판과 도원마을로 가는 표지판이 보인다. 왼쪽 길로 쭉 걸어가면 도원마을 쉼터라는 표지판과 함께 현대적 건물로 지어진 마을회관이 보인다.

마을회관 옆의 언덕 위에 서서 탁 트인 마을 경관을 보니 가슴이 뻥 뚫리는 느낌이다. 시냇물이 졸졸 흐르는 소리와 축사에서 들리는 소 울음소리는 외갓집에 온 듯한 기분이 들게 한다. 건물들 또한 별장 형식으로 지어져서 편안한 휴양림에 온 듯한 느낌을 더해 주며, 무등산에 가장 인접한 마을이라 가까이서 무등산을 감상할 수 있는 장점이 있다.

서부 영화가 떠오르는 OK목장

화순초등학교 이서분교장 — 도원마을 — OK목장 — 안심마을 정자

OK목장 입구
• 사진 제공 : 심인섭(Simpro)

    도원마을을 거쳐 무등산 펜션을 지나면 조그만한 오솔길에 들어서게 된다. 새소리를 들으며 흙길을 따라 걷다 보면 전국적으로 유명한 OK목장에 도착하게 된다. 개인이 운영하는 곳이지만, 이곳에서 보이는 조망 또한 장관이다. 실외 정자에서도 식사를 할 수 있어 도원마을과 무등산의 풍경을 감상하며 음식을 즐길 수 있다는 장점이 있다. 또한 배드민턴 코트와 사슴, 닭, 오리 등을 키우는 축사가 있어 남녀노소 모두가 다양한 매력을 느끼며 즐길 수 있는 곳이다.

    OK목장에서 나와 오솔길을 걷다 보면 안심마을로 가는 표지판이 보인다. 이 길은 포장도로가 아닌 산길이기 때문에 길을 헤맬 가능성이 있다.

표지판에 서서 오른쪽을 보면 넓은 공터와 조그마한 산길이 있다. 입구 나무에 리본이 달려 있으니 리본만 잘 보고 따라가면 어렵지 않게 갈 수 있다.

산길을 다 지나면 논밭이 펼쳐지고 마을이 보인다. 표지판을 기준으로 왼쪽에 규모가 조금 큰 마을이 안심마을이고 오른쪽에 조금 더 규모가 작아 보이는 마을이 하반마을이다. 마을 간의 거리가 가깝고 안심마

❶ 하반마을 식수로 사용되는 원시암
❷ 안양산과 무등산을 동시에 조망할 수 있는 하반마을

을과 하반마을 사이에 뚜렷한 구분도 없다. 그도 그럴 것이 행정상으로 하반마을은 안심마을과 합쳐진 상태이다.

하반마을 서쪽으로는 무등산과 안양산의 등성이가 뻗어 있으며, 남쪽으로는 안양산 줄기, 북쪽으로는 무등산 자락이 있다. 이 마을은 무등산과 안양산을 동시에 조망할 수 있다는 특징이 있다.

제9길의 시작점인 안심마을 정자 근처에 가면 '원시암'이라는 우물이 있다. 잠시 멈추어 목을 축이며 무등산과 안양산을 바라보는 즐거움도 놓치지 말자.

＊ 규봉암

규봉암

제8길의 도원마을은 무등산 규봉암과 가까워, 등산 코스로 방향을 잡아도 좋다. 무등산 3대 절경 중 하나인 규봉암에 올라가는 코스 중에서 도원마을에서 장불재와 규봉암으로 가는 코스가 있다. 도원마을 입구 들어가기 전에 표지판에서 오른쪽으로 꺾어 올라가면 장불재와 규봉암으로 가는 길이다. 도원마을에서 장불재까지는 4.1km로, 약 2시간 걸리며 아늑한 숲길로 조성되어 있다. 왼쪽으로는 안양산에서 장불재로 이어지는 백마능선을 조망할 수 있다. 흙길을 따라 가는 길은 크게 무리가 없지만 중간중간 경사가 있으므로 개인의 체력에 맞는 등산이 필요하다.

장불재에서 규봉암까지는 흙길과 너덜지대가 완만하게 형성된 탐방로로 1.8km 구간이며

약 1시간 소요된다. 장불재에서 약 30분을 가면 '석불암'이라는 작은 암자가 나오며 이곳에는 조그마한 약수터가 마련되어 있다. 이곳에서 목을 축이며, 주변 경관을 둘러보는 것을 추천한다. 석불암에서 다시 약 20분을 가면 규봉암에 도착한다.

＊영평마을 식수로 사용하던 설시암

설시암은 영평 마을회관을 기준으로 위쪽으로 걸어가면 있다. 맑은 눈 같다 해서 '설(雪)시암'이라 불리는 이곳은 식수로도 사용이 가능하며 예로부터 아낙네들이 모여 서로 속내를 터놓곤 하던 빨래터이다. 수량이 풍부해서 논에 물을 댈 수 있을 정도였다고 한다.

깨끗하고 맑은 물이 흐르는 설시암

임진왜란 전에 이율곡 선생이 지나면서 마셔 보고 그 맛이 좋다고 해서 '반천'이라고 이름 지었다는 일화도 있다. 마을 주민에 따르면 여름에는 시원한 물이, 겨울에는 따뜻한 물이 나온다고 한다. 직접 한 바가지 떠서 마셔 보니 냉장고에서 꺼낸 듯 시원한 청량감이 느껴진다.

- 주소 전라남도 화순군 이서면 규봉로
- 거리 / 시간 총 4km / 약 1시간 20분 소요
- 코스정보 화순초등학교 이서분교장-도원마을-OK목장-안심마을 정자
- 화장실 안심마을 정자 옆
- 대중교통 버스 (영평 정류장 하차) 화순 217-7

  참고 : 화순 217-1 버스는 광주 서구의 덕흥삼거리에서 출발하여 광천 터미널, 남
  광주역을 거쳐 지나간다. 광천 터미널을 기준으로 약 2시간 정도 걸리며, 돌아올
  때에는 안심마을 정류장에서 화순 217-1을 타면 된다.

- 맛집

  OK목장

  메뉴 : 닭 참숯불구이, 오리로스, 녹용백숙, 흑염소탕 등

  주소 : 전라남도 화순군 이서면 규봉로 887-72

  전화번호 : 061-371-9433

Tip

☞ 이서분교장 정문에서 보는 무등산의 경관과 시골 분교의 모습 감상하기

☞ 한국에서 가장 아름다운 마을인 '영평마을'의 풍경 살펴보기

☞ 진양 하씨 제각 '서원제'와 우물 '설시암'을 보며 조상들의 전통과 멋을 느껴 보기

☞ 무등산 3대 절경 중 하나인 규봉암을 보며 무등산 만끽하기

☞ 무등산을 등지고 있는 도원마을의 정취를 느껴 보고, 그림 같은 무등산 펜션, OK
  목장의 맛있는 음식 맛보기

☞ 하반마을에서 안양산과 무등산을 동시에 조망하기

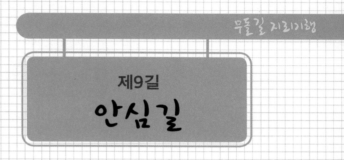

무둘길 지리기행

제9길
안심길

안심마을 정자

안심 저수지

안양산
휴양림

제9길 안심길은 안심마을을 지나 안심 저수지 옆 둑길을 따라 걷는 조용한 시골길이다. 길은 안심마을 정자에서 시작하여 ⋯ 안심 저수지 ⋯ 안양산 휴양림까지이고, 구간 거리는 총

4km, 시간은 약 1시간 20분 정도 소요된다.

예전에 '안심사'라는 큰 사찰이 있었는데 그 이름이 지금까지 안심마을과 안심 저수지 등에 남아 있다. 주변으로는 안양산, 무등산 정상 전경과 규봉암이 보인다.

안심길은 안심마을을 거쳐 들길과 저수지의 둑길, 안양산 휴양림으로 향하는 포장도로에 이르기까지, 여러 번 주변 풍경이 바뀐다. 안심마을은 주변을 둘러보면서 천천히 걷는다면 한 바퀴를 도는 데 약 20분 걸린다. 마을 이름 때문인지는 몰라도, 마을에 피어 있는 아름다운 꽃들과 푸르른 나무들, 그리고 농사를 짓고 있는 마을 주민들이 유난히 평화롭게 느껴진다.

안심마을에는 생태 체험관, 녹색 농촌 체험관 등이 있어서 두부 만들기, 뽕잎 인절미 만들기 등 다양한 농촌 체험을 하기에 좋다. 유치원 등 여러 단체에서 농촌 체험을 위한 사전 예약도 활발하게 이루어져 도시와 농촌의 교류 활성화에도 기여하고 있다. 안심마을 회관 옆에 있는 안심 도서관에서는 평일 오후에 마을 어르신들을 대상으로 한글 수업을 실시하기도 한다.

제9길의 끝에 도착하면 안양산 휴양림이 있다. 이곳에서 맛있는 식사도 할 수 있고, 민박 시설도 잘되어 있어서 장거리 여행객도 숙박 장소 걱정은 하지 않아도 된다.

우렁바우께시암을 식수로 이용하는 안심마을

안심마을 정자   안심 저수지   안양산 휴양림

제9길의 시작점인 안심마을 정류장에 내리면, 바로 옆에 안심마을의 안내도가 붙어 있다. 제8길을 통해서 오는 경우 하반마을을 지나 길을 따라 쭉 들어오면 안심마을에 도착한다.

안심마을은 화순군 이서면 안심리에 속하고, 현재 30~40가구, 50여 명이 살고 있는 작은 마을이다. 앞쪽에는 들판이 펼쳐져 있고, 그 너머로 호남 정맥의 별산 줄기가 뻗어 있다. 뒤쪽으로는 쭉 뻗은 안양산이 있다. 안심마을 안쪽에는 둔병재와 갈두리에서 발원한 시냇물이 흐른다. 또한 마

안심마을에서 바라본 무등산 · 사진 제공 : 심인섭(Simpro)

주민들의 쉼터 안심 도서관

을 내부에는 녹색 농촌 체험관, 생태 체험장, 마을 소공원, 귀농지원센터, 약수터 등 다양한 볼거리가 있다.

안심마을 안쪽을 한바퀴 돌면서 마을 주민들과 이야기를 나누면, 마을이 더욱 친근하게 느껴질 것이다. 마을에는 낮은 돌담들이 많기 때문에 돌담 길을 따라 여유를 즐기며 걷는 것도 좋다. 봄과 여름에는 돌담 주변에 핀 꽃들과 산의 우거진 나무들을 보며 아름다운 시골 풍경에 빠져들수 있다. 가을과 겨울에는 단풍이 핀 안양산의 모습과 눈 덮인 돌담과 집들이 한 폭의 그림과 같은 모습을 연출한다.

길을 쭉 따라서 걷다 보면 왼편에 한옥 건물이 보인다. 이 건물은 바로 안심마을 작은 도서관이다. 기존 마을회관을 리모델링하여 만들었는데, 규모는 그다지 크지 않다. 내부에 들어서면 칠판과 책들이 보인다. 관리는 마을 이장과 교사를 하다가 퇴임한 이민규 씨가 맡고 있다. 칠판의 용도를 알아보니 농사일을 마치고 난 뒤에 마을 어르신들에게 한글을 가르칠 때 이용한다고 한다. 마을 주민들이 공부할 때 외에는 도서관을 거의 이용하지 않아 활성화 방안을 고민하고 있다고 하는데, 영화 상영, 건강

관리 강의 등 여러 행사들을 기획 중이라고 한다.

마을 안길에는 느티나무 몇 그루와 커다란 바위들이 있다. 그곳에는 샘이 하나가 있는데 '우렁바우께시암'이라고 부른다. 주민들의 말에 따르면 예전에는 바로 옆에 우렁바위라는 커다란 바위가 있었으나 길을 확장하는 공사를 하면서 없앴다고 한다. 샘에서는 맑은 물이 솟아 식수로 이용되었는데, 아들을 낳게 해 주는 영험한 샘물이라는 이야기가 전해지고 있었다. 믿거나 말거나지만 실제로 이곳에 사는 주민이 이 샘물을 마신 뒤 아들을 낳기도 했다고 한다.

또 마을에 홍수가 나서 하천 물이 넘쳐도 우렁바우께시암에는 절대 구정물이 생기는 법 없이 맑은 물만 솟아난다고 한다. 안타깝게도 현재는 관리가 잘되지 않고 있지만, 주민 몇몇은 여전히 이 물을 마시고 있다. 마을에서는 조만간 녹색 농촌 사업의 하나로 이 샘을 보수할 계획을 세우고

마시면 아들을 낳는다는 이야기가 전해지는 샘물 '우렁바우께시암'

맑은 물이 흐르는 안심천

있다. 마을 주민들은 "안심리는 공기도 맑고 물도 좋아 도시민들이 많이 찾아온다."고 자랑한다.

실제로 안심리는 물과 공기가 좋고 산세도 아름다워 도시에서 많은 사람들이 들어와 살고 있다. 마을 안에는 '산적소굴'이라는 민박집도 있다. 산적소굴은 황토구들방과 편백나무 서까래, 소나무 기둥을 이용해 매우 친환경적으로 건물을 지었다. 도시에서는 경험할 수 없는 시설이니 숙박해 볼 만한 곳이다.

안심마을 내부에는 마을을 거쳐서 흘러가는 안심천이 있다. 안심천은 섬진강의 수계이다. 화순의 섬진강 유역은 호남 정맥의 동편인 북면, 이서면, 동복면, 남면의 모든 물줄기를 모아서 동복댐과 주암댐을 거쳐 섬진강으로 합쳐진다.

안심리에 농업 용수를 공급하는 안심 저수지

안심 저수지

안심마을 정자

안양산 휴양림

예전에는 안심마을에서 안양산 휴양림으로 이어지는 산길이 있었는데 오랜 시간 동안 사람들이 다니지 않아서 수풀로 뒤덮여 지금은 통행이 불가능하다.

안심마을을 벗어나면 눈앞에 들판이 펼쳐진다. 논두렁길을 따라 걸으며 주변을 둘러보면 땀 흘려 농사짓는 농부들도 보이고 저 멀리 산에 핀

산이 품고 있는 안심 저수지

이름 모를 꽃과 나무들이 눈을 호강시켜 준다.

안심마을에서는 꽃의 생김새와 향기에 감탄했다면 이곳에서는 산의 전체적인 풍경에 감탄한다. 감수성이 풍부하지 않은 사람이라도 '아름답다'라는 감탄이 절로 나올 정도이다. 도시에서 흔히 들리는 소음이 거의 없어 차분히 주변 풍경을 감상할 수 있는 환경이 조성되어 있다. 단지 논두렁길을 따라 걷다 보면 그늘이 없어서 여름에는 땡볕에 조금 괴로울 수도 있지만, 봄가을에는 시원한 바람과 함께 탁 트인 시골길을 여유롭게 감상할 수 있다.

논길을 따라 걷다보면 포장도로와 마주치게 된다. 갑작스럽게 큰길이 나타나니 적응이 안 되어 당황스러울 수도 있다. 차들도 쌩쌩 지나가는 길을 조심하며 건넌 다음 오르막길을 걸어 올라가면 안심 저수지가 모습을 드러낸다. 산골에 있는 저수지치고는 규모가 꽤 크다. 1987년에 준공된 이 저수지의 저수량은 약 122만 7000톤이고, 수혜 면적은 154헥타르에 이른다. 상류에 오염원이 없기 때문에 수질이 깨끗한 편에 속한다.

저수지에는 화순읍 수만리로 넘어가는 둔병재와 이서면에서 동면으로 넘어가는 갈두리에서 시작된 물길이 모여든다. 이 물은 안심마을을 지나 다시 동복호로 합쳐진다.

둑길에 들어서면 서늘한 바람이 훑고 지나간다. 둑 위에서 아래쪽을 내려다보면 축사가 자리를 잡고 있다. 둑길의 왼쪽으로 저수지를 끼고 있으며, 오른쪽에는 산이 있다. 이름 모를 들꽃들이 피어 있고 나비들이 날아다닌다. 걷다 보면 정면에 안양산 휴양림이 보인다. 철조망이 보이고 그 안쪽으로 나무들이 굉장히 많다. 철조망에 푯말이 붙어 있어 그 너머가 안양산 휴양림임을 알 수 있다. 그쪽으로는 들어갈 수가 없기 때문에 왼

안양산 휴양림 입구

쪽으로 오르막길을 올라가서 포장도로로 나가야 한다.

포장도로는 양 옆의 갓길이 좁고, 지나가는 차들의 속도가 빠르기 때문에 걷는 데 주의해야 한다. 인도가 만들어진다면 트레커들이 훨씬 안전하고 편하게 걸을 수 있겠지만 지형적 특성상 공간이 충분히 확보되지 않는 것 같다.

안심 저수지 둑길을 지나 포장도로를 따라 걷다보면 제9길 도착점인 안양산 휴양림이 나온다. 한눈에 보더라도 그 규모가 크다는 것을 알 수 있었다. 소나무, 참나무, 편백나무, 삼나무 등이 울창하게 들어선 모습을 보는 순간 '친환경'이라는 단어가 떠오르는 곳이다.

제9길 구간은 아니지만, 마을에는 안양산을 등반할 수 있는 가장 좋은 등산로가 있다. 철쭉이 피는 계절에 여행 일정을 계획한다면 시간을 여유롭게 잡을 것을 추천한다. 왜냐하면 철쭉꽃의 절경을 함께 즐길 수 있기 때문이다. 안양산에는 매년 수만 명의 인파가 광활한 철쭉 군락을 구경하기 위해 찾아온다. 안양산 철쭉 군락은 다른 지역의 철쭉보다 꽃이 크고 화려한 것이 특징이다. 또한 고산 철쭉은 사람의 키보다 더 큰 것도 많다. 무등산의 기암괴석과 철쭉이 함께 어우러진 풍경은 황홀하기까지 하다.

＊잠업 단지

안심마을이 위치한 이서면은 전국적으로 잠업이 유명한 지역으로 전라남도에서 생산되는 누에의 약 30%가 생산되는 잠업 단지이다. 현재 마을 대부분 농가에서 뽕과 누에를 치고 있으며 누에 체험도 진행하고 있다. 잠업 관련 상품으로는 누에환, 누에가루, 뽕 엿, 뽕 한과 등을 공동으로 생산하며 전국적으로 판매하고 있다.

- **뽕 생산량** 연간 100톤
- **누에 생산량** 연간 6.1톤
- **가공 상품** 뽕 엿, 뽕잎 분말, 건뽕잎, 건누에, 누에가루, 누에환, 동충하초
- **홈페이지** http://www.62nue.co.kr

안심마을 운영 체험 프로그램

뽕잎·오디 따기 체험

뽕잎을 이용한 다양한 체험과 누에 체험을 하며 자연의 소중함을 배울 수 있다. 또한 농한기에는 쌀 엿, 뽕 엿 체험도 진행하고 있으며, 체험 후에는 뽕과 누에 관련 상품을 살 수도 있다.

무등산 규봉암 달빛 산행

안심마을에 있는 한옥체험관에서는 매달 보름에 달빛 산행 행사를 한다. 1박 일정으로 머물면서 자정에 무등산 규봉암까지 달빛을 보며 야간 산행을 할 수 있다.

귀농 실습생 농사 프로그램

귀농한 초보 농민들을 위한 프로그램이다. 벼농사, 밭농사, 축산 3개 분야를 하루씩 2박 3일 일정으로 도와주는 프로그램이다.

계절별 프로그램

봄 : 봄나물 캐기, 모심기

여름 : 여름 농활 체험(대학과 연계하여 진행)

가을 : 낫으로 벼 베기 체험, 밤 줍기 체험

겨울 : 곶감 깎기, 김장축제, 된장·고추장 담그기 체험

• **전화번호** 061-375-0536, 019-9570-0951

• **체험 일정** 프로그램별 상이

• **예약** 사전 예약 필수 (최소 일주일 전까지)

• **준비물** 여벌의 옷, 세면도구, 선크림, 샌들(물놀이 시 필요), 모자, 비닐봉투 등

＊ 절골계곡

절골계곡
• 사진 제공 : 심인섭(Simpro)

안심마을의 무등산 자락에는 고려 초기에 안심사라는 사찰이 있었으며 팔방구암이 흩어져 있었는데 후에 폐사하였다. 안심사는 수많은 스님과 신도들이 기거하였으며 안심마을도 그때 형성되었다는 설이 있다. 지금도 안심사의 주춧돌이 그대로 남아 있다. 절골계곡은 안심사의 큰 자랑거리였던 계곡으로, 지금은 사찰 내에 있는 계곡이라는 뜻으로 '절골'이라 부르고 있다.

＊ 베틀바위

바위 모습이 베틀 모양을 하고 있다고 하여 붙은 이름이다. 여름에는 주민들이 이곳에서 더위를 식힌다. 베틀바위 주변의 당산나무는 마을 대대로 당산점을 보던 곳으로 당산나무 잎이 한 번에 피면 모내기를 한 번에 하고 나누어 피면 모내기를 여러 번 한다는 이야기가 전해진다.

＊철철폭포

안심마을에는 두 물줄기가 있는데, 그중 하나가 절골계곡이고 다른 한 줄기가 바로 철철계곡이다. 철철계곡에는 물이 항상 철철 넘쳐 흐른다는 철철폭포가 있다. 철철폭포에는 매년 수많은 관광객이 방문하고 있으며 여름 휴양지로 활용되고 있다. 마을에서는 이곳에 휴양지를 조성할 계획이라고 한다.

찾아가기

- 주소 전라남도 화순군 이서면 안심리
- 거리 / 시간 총 4km / 약 1시간 20분 소요
- 코스 정보 안심마을 정자-안심 저수지-안양산 휴양림
- 화장실 안양산 휴양림 입구
- 대중교통 (안심 정류장 하차) 화순 217-1
- 숙박

산적소굴

산적소굴

안심마을 내에 있는 황토구들방 민박집이다. 벽체는 전통 방식인 짚과 황토 반죽으로 섞어 시공했고, 서까래는 편백나무로 되어 있으며, 기둥은 소나무이다. 무등산과 안양산이 주변에 있어, 맑은 공기를 온 몸으로 느낄 수 있다. 산적소굴은 2006년에 KBS의 〈인간극장〉에 '산적의 딸'로 출연했었다. 주인장 부부는 5년째 귀농 귀촌 관련 무료 컨설팅을 하고 있다.

주소 : 전라남도 화순군 이서면 안심길 15-4

전화번호 : 061-371-5191, 011-318-5191

객실 이용료 : 4인 기준 60,000원, 1인 추가시 5,000원

이용 시간 : 오후 1시~익일 오전 11시 (애완동물 동반 금지)

☞ 녹음이 우거진 아름다운 안심마을의 풍경 감상하기

☞ 안심마을의 돌담길에 피어 있는 다양한 꽃 감상하면서 꽃 이름 알아보기

☞ 안심마을에서 시행하는 재미있고 보람찬 각종 체험 프로그램 참가하기

☞ 안심 저수지 둑길을 걸으며 시골의 정취를 느끼기

☞ 공기가 맑고 기분을 상쾌하게 해 주는 안양산 휴양림의 경치 감상하기

제10길
수만리길

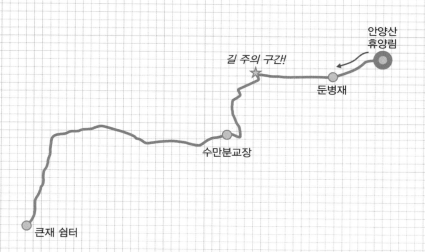

안양산
휴양림

길 주의 구간!

둔병재

수만분교장

큰재 쉼터

제10길 수만리길은 수만리라는
동네를 가로지르기 때문에 붙여진
이름이다. 무돌길 전 구간 중에서
눈을 가장 시원하게 해 주는 구간이
라고 생각한다. 안양산 휴양림에서
출발하는데, 처음은 오르막길로 시

작하지만, 물촌마을로 가는 길은 내리막길이다. 길이 오르락내리락하지
만 경사가 그리 심하지 않아서 가족들이나 연인과 함께 주변의 아름다운
경치를 감상하며 걷기에 좋은 길이다.

　길은 안양산 휴양림에서 시작하여 ···▶ 둔병재 ···▶ 수만분교장 ···▶ 큰재 쉼
터까지이고, 구간 거리는 총 4km, 시간은 약 1시간 정도 소요된다.

　수만리길은 안양산의 풍경을 한눈에 담을 수 있는 아름다운 길이다.
둔병재를 넘어가면, 주변 경관이 수려해 마치 알프스에 와 있는 듯한 느
낌이 들기도 한다. 철쭉이 핀 안양산의 전경은 걷는 이로 하여금 넋을 놓
고 구경하게 만든다. 특히 길의 마지막 부분에 있는 만연산 특화 숲 조성
단지를 걸으면 여름에도 시원함을 느낄 수 있고, 가슴이 탁 트이는 기분
을 느낄 수 있다. 광주광역시는 2014년 5월 3일부터 무등산 순환버스를
운행하고 있다. 안양산 휴양림 정문에도 정류장이 있어서, 순환버스를
이용해서 찾아가도 된다.

　수만리길 주변에는 안양산, 대동산, 연화봉, 큰재 목장, 만연산 특화 숲
조성단지, 서성리 저수지와 환산정 등 다양한 볼거리가 있다. 특히 제10
길은 과거 의병 활동이 활발히 일어났고, 병자호란의 역사가 깃들어 있는
둔병재와 수만리 주민들이 화순과 광주로 가기 위해 이용한 길이다. 예전

에는 마을 주변에 주막이 4~5개 있을 정도로 왕래가 빈번하였다.

또한 안양산과 안산, 만연산에 둘러싸여 있어 공기가 맑고 꽃이 피는 계절에 오면 형형색색으로 물든 경치가 매우 아름답고, 작은 마을이 여러 개 있어 매우 아름답다. 5월에 철쭉이 만개하는 시기에 안양산을 방문하면 절경에 취하고, 가을에 오면 빨갛고 노란 단풍으로 수놓은 산 경치에 정신을 빼앗기는 길이다.

주요 볼거리로는 제10길의 시작 지점에 있는 안양산 휴양림이 있다. 편백나무 숲에 꼭 들러 시간을 여유롭게 갖고 산림욕을 즐기고 나면 다음 행선지로 향하는 발걸음은 더욱 가볍고 흥겨운 시간이 될 것이다.

편백나무 향이 그윽한 안양산 휴양림

안양산 휴양림 —— 둔병재 —— 수만분교장 —— 큰재 쉼터

　안양산 휴양림은 산 속에 위치하고 있지만, 무등산 순환버스가 휴양림 정문에 정차하기 때문에 어렵지 않게 찾아갈 수 있다. 광주 시내에서 약 30~40분, 화순읍에서 10분 정도의 거리이다. 안양산 휴양림은 숙박 시설을 운영하고 있어서, 하루 머물다 가고 싶은 여행객에게 알맞은 장소이다.

　안양산 휴양림은 안양산 동남 사면에 위치하며, 약 20만 평의 대규모 휴양림이다. 안양산은 화순읍에서 만연산 줄기를 넘어 큰재와 둔병재를 넘

안양산 휴양림

으면 왼쪽에 위치해 있다. 화순군 화순읍 수만리와 이서면 안심리에 걸쳐 있는 산으로 무등산 백마 능선의 끝자락에 위치하고 있고 호남 정맥의 줄기이기도 하다. 따라서 안양산은 독립된 산체라기보다는 무등산의 한 갈래라고 할 수 있다.

안양산의 가을은 백마 능선을 뒤덮은 억새가 바람에 살랑살랑 날리는 모습을 연출하며, 봄은 철쭉으로 뒤덮인 산행 코스가 장관을 이룬다. 특히 안양산에서 쳐다보는 무등산 뒷자락의 조망도 일품이다. 이를 감상하기 위해 주말이면 많은 등산객이 찾아온다.

안양산의 주 수종은 40여 년 넘는 아름드리 편백나무와 삼나무로 이루어져 있다. 이 나무들이 발산하는 피톤치드 덕분에 안양산 휴양림은 삼림욕장으로 유명하다.

주 수종인 편백나무와 삼나무는 소나무보다 피톤치드 함량이 2~3배 높아서 심신 안정과 스트레스 해소, 아토피 치료에 도움이 된다고 한다. 한편, 편백나무 삼림욕장 내에서는 항암 효과가 있는 표고버섯을 자연친화적 농법으로 재배하여 식용 및 약용으로 이용하고 있다.

임진왜란 때 의병이 주둔했던 둔병재

안양산 휴양림에서 화순군 화순읍 수만리로 넘어가는 고개인 둔병재

둔병재에 있는 성벽(↑)
필로티 구조 건물(↓)

는 이름 그대로 임진왜란 당시 의병들이 주둔했던 곳이다. 병자호란 때는 토성을 쌓고 청군에 대적하여 싸웠던 곳이기도 하다. 청군에게 패한 이후 폐허가 되었지만 역사의 흔적이 남아 있는 유서 깊은 길이다.

병기를 만들었던 쇠메기골에서는 지금도 쇠 찌꺼기가 나오고 있으며 물을 넘어오던 물목재, 장군대 등 옛 이름이 지금도 남아 있다.

둔병재를 넘어 내려가다 보면 세 갈래 길이 나타난다. 포장도로가 쭉 이어져 있어서 자칫 잘못하면 그대로 내려가 버릴 수 있으니 주의해야 한다. 왼쪽 길이 제10길 방향이다. 차가 지나다니는 길이니 주의하며 걸어야 한다.

둔병재를 내려가다 보면 2층 구조로 쌓은 돌 축벽 구조 위에 1층은 기둥

구조로 개방되어 있는 건물(필로티 구조)이 보인다. 이 방향으로 무돌길이 이어진다.

둔병재는 역사적 의미가 깃들어 있는 장소인 만큼 길을 걸으면서 과거에 나라를 위해 희생하셨던 선조들을 한 번쯤 돌이켜 생각해 보는 것도 좋겠다.

물촌마을의 수만분교장

안양산 휴양림 ─── 둔병재 ─── 수만분교장 ─── 큰재 쉼터

둔병재를 지나 걸어오면 물촌마을이 나온다. 물촌마을은 수만리에 속하는데, 이 밖에도 새터마을, 만수마을, 중지마을이 수만리에 속한다. 물촌마을은 물이 풍부하고 차가워 '물찬내'라고도 부른다.

마을의 주산물은 쌀과 보리이고, 특산물은 한봉, 약초, 흑염소이다. 그

❶ 물촌마을의 비석 | ❷ 물촌마을 내부

*물촌마을에 전해지는 민담

- **대동산점심바위** 물촌마을 왼쪽에 있는 대동산에 있는 바위이다. 점심때가 되면 해가 그 바위에 딱 걸려서 시계가 없던 시절, 들에서 일하던 사람들에게 점심시간을 알려 준 바위라고 한다.
- **대동산 학봉과 밥봉** 대동산에 있는 봉우리로 집이 학봉을 향하게 지으면 학자가 나오고, 밥봉을 향하게 지으면 사업가가 나와 많은 재산을 모은다고 전해진다.
- **병목안** 동면 국동리 쪽으로 가다 안산 옆 귀퉁이로 산을 오르면 병목처럼 안겨 있는 샘이다. 어느 날 등이 굽은 사람이 이 물을 먹고 서서 걸어 나왔다는 영험한 샘으로 전해진다.

중 마을의 주 소득원은 쌀과 보리이다.

물촌마을에는 예전부터 전해 내려오는 전설이 있다. 첫 번째 전설은 범바위에 관한 전설이다. 물촌마을의 남쪽 앞산에는 범바위가 있다. 이 범바위에서 돌이 떨어지는 것을 보는 사람은 병이 들거나 죽게 된다는 이야기가 있다. 물촌마을은 남쪽을 향하고 있다. 따라서 집을 지을 때 남쪽을 향해서 지을 수밖에 없다. 그러나 병이 들거나 죽는 재앙을 막기 위해서 일부러 남동쪽으로 집을 짓는다고 한다. 그래서 아직도 물촌마을에서 오래된 집들을 보면 방향이 남동쪽을 향해 있는 것을 알 수 있다.

두 번째 전설은 황새바위 전설이다. 물촌마을에서 왼쪽에 위치한 대동산 자락에 황새바위가 있는데 부리는 물촌마을을 향해 있고, 꼬리는 동면 국동마을을 향해 있다. 물촌마을이 국동마을보다 더 가난한 이유가 황새가 먹이는 물촌마을에서 먹고 배설은 국동마을에서 하기 때문이라는 풍수쟁이의 말을 듣고 황새바위의 부리를 마을 사람들이 부수어 버렸다고 한다.

　물촌마을에서 나오면 네 갈래 길이 나타난다. 여기에서 직진을 하면 바로 오른편에 수만분교장이 있다. 화순군 화순읍 수만리에 위치한 화순초등학교 수만분교장은 1958년에 개교했고, 1997년에 폐교하여 현재는 건물만 남아 있다.

　수만분교장에서 물레방아교 쪽으로 직진하면 수만리계곡이 보인다. 수만리계곡은 백마계곡의 물줄기와 또 다른 안양산의 물줄기들이 모아져 수량이 풍부해 논농사를 짓는 데 큰 도움이 된다. 아래로는 동면 국동리를 지나 서성리 저수지에 모아진다. 2009년에는 비가 많이 와 물레방아터 다리가 유실되어 2010년에 튼튼한 새 다리를 만들었다. 이 다리를 물

물촌마을 내부 모습

레방아교라고 한다.

　물레방아교를 걷노라면 오른편에 복숭아나무들이 줄지어 서 있는 모습이 보인다. 봄에 걸으면 복숭아꽃이 아름답게 만발해 있는 모습과 저 멀리 안양산의 철쭉이 핀 전경을 함께 볼 수 있을 것이다. 또한 여름에는 복숭아가 열린 모습을 볼 수 있고 시원한 그늘 아래에서 기분 좋게 걸을 수도 있다.

　다리를 지나 구불구불한 산길을 따라 올라가다 보면 새롭게 조성된 전원주택 단지가 있다. 그리고 제10길의 마지막 구간인 큰재 쉼터에 도착하게 된다.

✳ 안양산 휴양림(무등산 편백 자연 휴양림)

안양산 휴양림

무등산 동쪽 기슭에 위치한 휴양림으로 20만 평의 넓은 규모를 자랑한다. 인공림과 자연림인 소나무와 참나무 숲이 펼쳐져 있고, 피톤치드를 내뿜는 삼나무와 편백나무 숲에서 산림욕을 즐길 수 있다. 야외 물놀이 시설, 운동장 등 다양한 편의시설이 있어 나들이 장소로 제격이다.

• **주소** 전라남도 화순군 이서면 안양산로 685
• **전화번호** 061-373-2065
• **요금** 1,000원 (단체 : 800원)
• **시설 이용** moodong.com 참조

찾아가기

- 주소 전라남도 화순군 이서면 안양산로

- 거리 / 시간 총 4km / 약 1시간 소요

- 코스 정보 안양산 휴양림-둔병재-물촌마을-수만분교장-큰재 쉼터

- 화장실 안양산 휴양림 입구

- 대중교통 (안양산 휴양림 정류장 하차) 화순 군내버스 217-1, 무등산 순환버스

- 맛집 / 숙박

  안양산 휴양림(무등산 편백 자연 휴양림)

  주소 : 전라남도 화순군 이서면 안양산로 685

  전화번호 : 061-373-2065

Tip

☞ 공기가 맑고 아름다운 안양산의 풍경 감상하기

☞ 역사적인 흔적이 남아 있는 둔병재에서 의병들의 뜻 되새기기

☞ 안양산 자락에 위치한 조용하고 아름다운 물촌마을의 풍경 감상하기

☞ 물레방아교 건너에 있는 복숭아 밭에서 자연의 향기 느끼기

제11길
화순산림길

중지마을

도깨비도로

만연산 오솔길

큰재 쉼터

제11길 화순산림길(화순큰재길)
은 수만리 주민들이 화순과 광주
를 갈 때 사용하던 길이었다. 이전
에는 만연산으로 땔감을 하거나,
산나물을 채취하러 가기 위해 자
주 이용했다고 한다.

길은 큰재 쉼터에서 시작하여 ⋯→ 만연산 오솔길 ⋯→ 도깨비도로 ⋯→ 중지
마을 만연재까지이고, 구간 거리는 3km, 시간은 약 50분 정도 소요된다.
제11길의 시작점인 큰재 주차장으로 가기 위해서는 화순 순환버스를 이
용하거나 화순읍에서 택시를 타면 쉽게 갈 수 있다. 만약 화순읍에서 시
작한다면 택시로 큰재까지 가는 것이 좀 더 수월하다.

시작점인 큰재에서 오솔길을 따라 걷다 보면 오른쪽 나무들 너머로 많
은 철쭉이 심어져 있는 길을 볼 수 있다. 도로변에 있는 철쭉들은 화려한
자태로 아스팔트 길에 생기를 불어넣는다. 그리고 길 옆으로 보이는 안양
산과 수만리의 모습은 마치 알프스에 와 있는 듯한 착각을 불러일으킬 정
도로 이국적인 풍경을 보여 준다.

길을 걷다 보면 중간에 수만리의 만수마을로 가는 길도 있다. 만수마을
에서는 화전 만들기, 한방 비누 만들기 등 다양한 체험을 할 수 있다.

주변에도 다양한 볼거리가 있다. 제11길의 시작점인 큰재 주차장에서
바로 만연산 등산로로 가는 길이 있다. 무돌길 걷기와 더불어 등산을 하
고 싶다면 여기에서 올라가면 된다. 만연산 근처에는 만연폭포와 만연 저
수지, 만연사가 있다. 큰재 주차장 바로 아래에는 산림공원이 조성되어
있어서 본격적으로 길을 걷기 전에 한 바퀴 돌고 가면 좋다.

큰재 쉼터   만연산 오솔길   도깨비도로   중지마을 만연재

큰재 주차장 건너편의 돌계단(↑)
산림공원 습지 관찰 데크(↓)

    큰재는 화순에서 유명한 재로 이전에는 꽤나 험난했던 길이었다고 한
다. 화순에서 큰재로 올라가는 길에는 철쭉이 심어져 있어 눈을 사로잡는
다. 주변에는 만연폭포와 만연사, 만연 저수지 등이 있다. 화려하게 피어
있는 철쭉을 뒤로한 채 길을 올라오면 큰재 쉼터에 도착한다.

    개인 승용차을 타고 온다면 큰재 쉼터 주차장에 주차하고 무돌길 걷기
를 시작하면 된다. 또한 차를 타고 도깨비도로로 이어져 있는 철쭉길을

따라 드라이브를 하는 것도 좋은 경험일 것이다.

큰재 쉼터 주차장 아래쪽으로는 산림공원이 보인다. 산림공원 쪽에서
조금 멀리 바라보면 수만리의 풍경을 볼 수 있다. 수만리의 풍경은 안양
산과 어우러져 알프스의 마을을 보고 있는 듯한 느낌이다. 수만리의 풍경
에서 시선을 왼쪽으로 돌려 보면 저 멀리 장불재를 볼 수 있다.

주차장 건너편에는 정자와 오솔길이 보인다. 제10길에서 걸어온 여행
객은 이 정자에 앉아 풍경을 보며 잠시 쉬어 가는 것도 좋다. 바로 근처에
는 식당이 있기 때문에 식사를 할 수 있다.

정자에서 위쪽으로 가면 만연산 전망대로 가는 길이고 오른쪽으로 가
면 본격적인 제11길의 시작이다.

편하게 숲속을 걷는 만연산 오솔길

큰재 쉼터 ─── 만연산 오솔길 ─── 도깨비도로 ─── 중지마을 만연재

만연산 오솔길
· 사진 제공 : 심인섭(Simpro)

   큰재 주차장 건너편에서 오른쪽으로 가면 오솔길이 보인다. 나무 사이로 오솔길을 걷고 있으면 싱그러운 숲의 향기와 흙길의 부드러움이 도심에서는 좀처럼 맛볼 수 없는 상쾌함을 느끼게 해 준다.

   갈림길이 없어서 앞으로만 계속 걸어가면 되는 길이기 때문에 왼쪽 숲의 짙은 녹색과 오른쪽 나무 사이로 보이는 수만리의 풍경에 정신을 빼앗겨도 괜찮다. 특히, 오른쪽 수만리 마을의 경치는 장관이다. 그래도 넘어지지 않도록 주의하자.

   오솔길 시작 지점에는 바로 만연산으로 올라갈 수 있는 길이 있고 만연산의 반대편에는 만연사를 비롯한 볼거리가 있다. 오솔길을 따라 15분 정도 걷다 보면 수만 1, 2리 방향과 수만 3리 방향으로 갈 수 있는 갈림길이 나온다. 여기에서 왼쪽으로 수만 1, 2리 방향이 제11길 구간이고, 오른쪽의 수만 3리 방향으로 가면 만수동마을이다.

수만 1, 2리 방향으로 가면 아스팔트 길로 내려서는데, 이 길이 다음 구간인 도깨비도로이다.

만연산 능선길 도깨비도로

도깨비도로라는 이름은 오르막길을 올라 가다보면 맞은편에서 오는 차가 뒤로 가는 듯한 착시 현상이 나타나서 붙은 이름이다. 도깨비도로를 따라 걷다가 보면 오른쪽으로 마을이 보인다. 이곳이 수만리 만수동마을(들국화마을)이다.

길을 걸으면서 보이는 수만리의 풍경은 제11길을 걷는 내내 눈을 사로잡는다. 수만리의 독특한 풍경은 이국적인 향취를 풍기며 여행객의 발목을 붙잡는다. 자연과 어우러지는 수만리의 풍경을 보고 있으면 도시에 익숙해진 현대인들에게 도시에서는 느낄 수 없는 자연의 아름다움을 느끼게 해준다.

도깨비도로의 길가에 피어 있는 철쭉꽃과 옆으로 보이는 수만리의 전경을 바라보면서 걷다 보면 어느새 오르막이 끝나고 내리막길이 나온다.

이쯤에서 정면에 제11길의 끝인 중지마을이 보인다. 만연재 내리막길을 내려와 직선으로 뻗은 길을 걷다 보면 왼쪽에 사슴목장이라고 표시되어 있는 곳이 있다. 지금은 목장을 운영하지 않고 흔적만 남아 있다. 올라가도 상관은 없지만 무덤과 방치된 시설물들만 있기 때문에 굳이 갈 필요는 없다.

제11길은 길이 평탄하고 길지 않기 때문에 평소에 많이 걷지 않는 사람이라도 부담 없이 걸을 수 있다. 걷기 쉬운 만큼 주위의 풍경을 놓치지 말고 만끽하길 바란다. 여기에서 무돌길의 여정을 마치고 싶다면 중지마을의 정류장에서 217-1 버스를 타고 다시 화순 시내로 가면 된다.

하지만 배차 간격이 길기 때문에 제12길이 끝나는 지점에는 버스가 더 자주 있으니 내친김에 계속 걷는 것을 추천한다.

차가 뒤로 내려가는 듯한 착시를 일으키는 도깨비도로

* 산림공원

큰재 주차장에 있는 산림공원 입구(↑)
산림공원 내에 있는 습지 관찰을 위한 데크(↓)

본격적으로 길을 가기에 앞서 산림공원을 가는 것도 하나의 즐거운 경험이 될 것이다. 큰재 주차장 아래에 있는 산림공원은 화순군이 2004년경에 화순교육청 부지를 매입하여 만든 만연산 특화 숲 조성단지이다.

10헥타르의 땅에 3,000여 본의 나무와 18만 본의 야생화를 심어 놓았다. 곳곳에 벤치와 전망대를 설치해 놓아서 풍경을 감상할 수도 있고, 잔디밭을 조성해 놓아 주말이면 가족끼리 도시락을 싸 와서 한가로운 주말을 즐길 수 있다. 전망대와 벤치에서는 산림공원의 풍경을 감상할 수 있을 뿐만 아니라 수만리의 전경도 한눈에 볼 수 있다.

또한 산림공원 내에는 기존의 습지를 보존하여 만들어 놓은 관찰 데크가 있다. 관찰 데크는 학습 및 볼거리를 제공하며, 약 11만 본의 꽃창포와 노란꽃창포가 군락을 이루고 있다.

* 만연산

만연산은 제11길 시작 지점에서 바로 올라갈 수 있다. 큰재 주차장 건너편에 제11길이 시작되는 오솔길이 있다. 거기서 오른쪽으로 가지 않고 위쪽으로 올라가면 만연산으로 갈 수 있다. 만연산은 화순읍 수만리, 만연리, 동구리에 위치해 있으며 높이는 666m이고 다른 이름으로는 '나한산'이라고도 불린다. 《신증동국여지승람》, 《여지도서》, 〈해동지도〉, 〈대동여지도〉, 〈1872년 지방 지도〉에 '나한산'이라고 표기되어 있다. 지금은 나한산이라는 이름보다는 만연산이라고 불린다. 이는 산 아래에 만연사가 있기 때문이다.

❶ 만연산 전망대로 올라가는 길
❷ 만연산 전망대에서 본 수만리와 안양산의 풍경
❸ 만연산 전망대에 있는 표지석

길을 따라 약 30분 올라가면 만연산 전망대에 도달한다. 만연산 전망대에 올라서면 수만리의 풍경뿐만 아니라 화순 시내와 만연 저수지의 모습도 볼 수 있다. 전망대에서는 수만리의 이색적인 풍경을 더 자세히 볼 수 있으므로 본격적인 무돌길 탐방에 앞서 올라가 볼 것을 추천한다.

＊아름다운 사연을 간직하고 있는 만연폭포

만연폭포

만연사 바로 근처에 만연폭포가 있다. 약 10m 높이에서 떨어지는 폭포수는 예로부터 신경통에 효과가 있다고 소문이 나 있다. '만연폭포'라는 이름에는 한 가지 전설이 전해진다.

옛날에 만석이와 연순이가 있었다. 둘은 서로 사랑하는 사이였지만 만석이가 전쟁터에 나가게 되어 둘은 헤어지게 되었다. 어느 날 만석이가 전쟁터에서 돌아왔지만, 연순이는 부모의 강

압으로 다른 사람과 혼인을 해야 했다. 여전히 만석이를 사랑하고 있던 연순이는 신혼 첫날 밤에 신방을 뛰쳐나왔다. 도망쳐 나온 후 만석이와 연순이는 저세상에서의 사랑을 기약하며 폭포에 함께 몸을 던졌다는 이야기이다.

그 뒤로 사람들은 폭포의 이름을 두 사람의 이름 앞 글자를 따서 '만연폭포'라 이름 지었다고 한다.

* 벼락바위에 얽힌 사연
벼락바위는 만연폭포 근처에 있는 바위이다. 바위에 관해 전해지는 이야기가 있다. 옛날 시아버지를 모시던 한 며느리가 시아버지의 밥을 바위에 차려 놓고 물을 뜨러 간 사이에 벼락이 쳤다. 며느리는 물을 떠서 바위로 돌아가 보니, 바위는 벼락을 맞아 갈라졌고 시아버지를 위해 차려 놓은 음식을 몰래 먹으려던 구렁이가 죽어 있었다. 이를 본 사람들은 효심이 지극한 며느리의 정성을 구렁이가 해치려 하자 하늘이 벌을 내린 것이라고 말했다고 한다.

* 만연 저수지

만연 저수지

만연 저수지는 화순군 화순읍 만연리에 위치해 있으며 1945년에 준공되었다. 수혜 면적 55헥타르, 제방 높이 13m, 제방 길이 165m, 저수량 22만 톤, 유역 면적 264헥타르 규모의 저수지이다. 단순한 저수지 기능을 넘어, 주민들을 위한 근린공원 역할도 하고 있다.

* 고려 시대 사찰 만연사
제11길에서 만연산 반대쪽으로 넘어가면 만연사가 있다. 만연사는 화순군 화순읍 동구리에 소재해 있으며 광주 시내에서 지원 151 버스를 타고 이십곡리 정류장에서 하차 후 30분 정도 걸으면 나온다.

1208년(고려 희종 4)에 만연이라는 선사가 창건해서 만연사라는 이름이 붙었다. 현재는 대웅전, 나한전, 명부전, 한산전 등의 건물과 요사가 있다.

부속 암자로 선정암과 성주암이 있다.
경내에는 만연사 창건을 기념하기 위
해 진각국사가 심었다고 하는 둘레
3m, 높이 27m, 수령 약 770년 된 전
나무가 있다. 그리고 보물 제1345호
인 만연사 쾌불탱과 선정암에 있는 목
조 관음보살 좌상, 석가모니 후불탱,
독성탱이 있다.

만연사 사찰 전경

만연사에는 만연이 사찰을 짓게 된 계기에 관한 전설이 전해진다. 과거 선사인 만연은 광주
무등산의 원효사에서 수도를 마치고 조계산의 송광사로 돌아오는 길이었다. 만연은 길을
가던 중에 현재 만연사 나한전이 있는 골짜기에서 잠시 발을 멈추고 쉬었다. 이때 깜빡 잠
이 들었는데 십육나한이 석가모니불을 모시기 위해 역사(役事)를 하는 꿈을 꾸었다. 만연
이 꿈에서 깨어 주위를 둘러보니 눈이 많이 내렸는데, 만연이 누워 있던 자리 주변만 눈이
녹아 김이 올랐다. 이를 신비하게 생각한 만연이 그가 누워 있던 자리에 토굴을 짓고 수도
를 하다가 만연사를 창건했다는 이야기이다.

만연사는 5·18민주화운동과도 관련이 있다. 민주화 운동 당시에 계엄군으로부터 화순 시
민군들이 가지고 온 무기를 숨겨 주었다고 한다. 또한 과거에는 다산 정약용이 만연사 동림
암에서 공부를 했었다.

만연사 쾌불탱

만연사 쾌불탱은 보물 제1345호로 길이 821cm, 폭
624cm인 그림이다. 쾌불은 큰 법회나 의식을 행할 때
법당 앞뜰에 걸어 놓는 불교 그림이다. 중앙에 보존불이
있고 좌우에는 각각 여의를 든 문수보살, 연꽃을 든 보
현보살을 배치한 석가삼존불 형식이다. 1793년(정조 7)
에 금어 비현, 편수 쾌윤, 도옥 3명이 그렸다.

✴ 호남의 알프스라 불리는 수려한 경관의 만수동마을

만수동마을의 전경

제11길을 걷다 보면 오른쪽으로 탁 트인 경관의 마을이 보인다. '호남의 알프스'라 불릴 정도로 뛰어난 경관을 자랑하는 수만리 만수동마을이다.

제11길의 오솔길을 따라 15분 정도 걷다 보면 수만 1, 2리 방향과 수만리 3리 방향으로 갈 수 있는 갈림길이 나온다. 이 중에서 수만 3리 방향으로 가면 경치 좋기로 소문난 만수동마을이 있다. 잠시 제11길 구간에서 벗어나 마을에 둘러보는 것도 좋다.

만수동마을은 총 45가구로 이루어진 작은 마을이다. 마을 특산물 중 하나인 흔히 들국화라고 불리는 구절초 때문에 '들국화마을'이라고도 부른다. 마을에서 직접 운영하는 홈페이지 이름도 들국화마을(www.sumanri.com)이다. 이 밖에 익모초, 더덕, 당귀와 같은 약초와 흑염소, 매실, 각종 산나물이 특산물로 있다.

✴ 만수동마을(들국화마을) 운영 프로그램

농촌 체험
들국화마을에서 생산되는 농산물을 직접 수확해 보는 체험이다.

화전 체험
마을에 자생하는 야생화를 이용하여 화전을 만드는 체험이다.

건강 요리 체험
마을의 약초를 이용해서 만드는 한방 두부 체험, 한방 술 체험, 한방 떡매 체험, 건강 체험 등이 있다.

만들기 체험
다양한 약초를 활용하여 비누를 만드는 약초 비누 체험과 약초꽃, 약초잎 등을 압화하여 손수건을 만드는 압화 체험이 있다.

찾아가기

- 주소 전남 화순군 화순읍 수만리
- 거리 / 시간 총 3Km / 약 50분 소요
- 코스 정보 큰재 쉼터-만연산 오솔길-도깨비도로-중지마을 만연재
- 화장실 큰재 주차장 공중화장실
- 대중교통 버스 (화순 공공도서관 입구 정류장 하차) 지원 151, 지원 152

  (환승 큰재 주차장 정류장 하차) 화순 군내버스 217-1번

  참고 : 화순 군내 버스는 하루 세 번 오전 8시, 오후 1시 30분, 오후 4시 30분에
  화순 군내 버스터미널에서 출발한다. 배차 간격이 길고 하루 세 번밖에 운행을 하
  지 않기 때문에 화순 시내에서 택시를 타고 큰재 주차장까지 가는 것을 추천한다.

Tip

☞ 시작 지점인 큰재 주차장 아래에 있는 산림공원에서 습지 관찰하기

☞ 만연산 오솔길을 걷다가 올라갈 수 있는 만연산 등산하기

☞ 만연사와 주위에 있는 만연 저수지, 만연폭포 방문하기

☞ 호남의 알프스라 불리는 수만리의 풍경 감상하기

☞ 아름다운 만수동마을에 들러 다양한 체험 프로그램 즐기기

용추계곡길

페선푸른길

12 ——— 13 ——————— 14 ——————— 15

만연길

광주천길

4부

광주 동구 구간

무돌길 여행 가이드

무등산 둘레 따라 광주, 담양, 화순 걷기

제12길
만연길

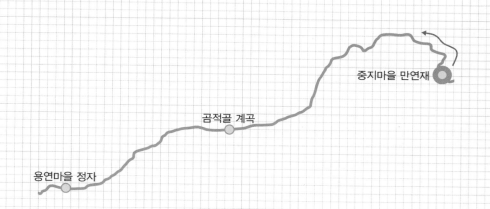

중지마을 만연재

곰적골 계곡

용연마을 정자

제12길 만연길은 예전에는 수만리 주민들이 광주로 가기 위해 이용하던 길이었다. 사람 통행이 많은 길이라 산적들이 종종 출몰하기도 했다고 한다. 중지마을에서 위쪽으로 올라가면 만연재가 나온다. 길의 이름은 이 만연재에서 따온 것이다.

길은 중지마을 만연재에서 시작하여 ⋯▸ 곰적골 계곡 ⋯▸ 용연마을 정자까지이고, 구간 거리는 총 4km, 시간은 약 1시간 정도 소요된다.

중지마을에서 만연재를 넘을 때까지는 크게 무리한 구간은 없지만, 만연재 다음에 나오는 곰적골은 쉽지 않은 구간이다. 사람들이 많이 다니지 않기 때문에 길이 좁고 조금 험한 편이어서 약간의 주의가 필요하다.

하지만 곰적골은 인적이 드문 만큼 자연 그대로의 아름다움을 담고 있다. 곰적골을 지날 때는 옆에 계곡을 끼고 걸을 수가 있다. 시원하게 흐르는 계곡물이 발걸음마저 가볍게 만든다.

제12길은 등산을 좋아하는 사람들한테도 매우 흥미로운 길이다. 만연재는 중머리재와 만연사, 장불재 세 곳 사이에 위치하며 등산로로 올라가는 길도 나 있다. 평탄한 길만 걷는 것이 지루하다면 제12길에서는 다양한 등산 코스로 들어가 보자. 오르막과 내리막을 걷다 보면 발걸음에 활력이 생길 것이다.

세 갈래 등산로와 이어지는 중지마을 만연재

중지마을 만연재 ────○──── 곰적골 계곡 ──────○────── 용연마을 정자

중지마을의 풍경 (↕)
• 사진 제공 : 심인섭(Simpro)
만연재로 올라가는 길 (↕)

　화순군에서 해발 고도가 가장 높은 곳에 위치한 중지마을은 제12길의
시작 지점이다. 중지마을 입구의 정류장에서 내리면 중지마을을 알리는
표지석이 보인다. 여기서부터가 만연길의 시작이다.

　중지마을은 전체 인구 52명의 작은 마을이다. '중지마을'이란 이름은
'중마실(가운데마을)'이라고 부른 데서 기원한다.

　마을의 특산물로는 한봉, 약초, 흑염소, 사슴 등이 있다. 중지마을에서

동쪽으로는 안양산, 서쪽으로는 무지개재, 남쪽으로는 만연산과 큰재, 북쪽으로는 무등산과 중머리재가 있다. 마을은 남쪽을 향하고 있다. 중지마을에는 민담과 민요인 '디딜방아'가 전해 내려오고 있다.

중지마을에서 위로 올라가다 보면 만연재가 나온다. 만연재는 광주로 나가기 위한 통로 역할을 한다. 수만리 주민들은 흔히 뒷재라고 부른다. 여기서 중머리재나 만연산, 장불재로 갈 수 있다. 세 곳으로 가는 길목에 위치하고 있어서 등산객들의 왕래가 잦다.

평탄한 길에 싫증이 났다면 여기서 등산로 하나를 선택해서 올라가는 것도 좋다. 만연재로 올라가는 길에는 수만리 탐방지원센터가 있으므로 필요한 정보를 쉽게 얻을 수 있다.

수만리 탐방지원센터를 지나면 소나무 숲이 보이고 오른쪽에는 돌계단이 보인다. 돌계단을 올라가면 흑염소 요리를 파는 식당이 나온다. 만연

제12길의 시작 지점인 중지마을 입구와 표지석 • 사진 제공 : 심인섭(Simpro)

*중지마을 민담

만연산에는 선바위가 있고 뒷산에 초패바위가 있었다고 한다. 그런데 건달패가 마을에 와 행패를 부리곤 해서 마을 사람들을 몹시 불안하게 했다. 하루는 어느 노승이 마을을 찾았다. 이에 주민들은 노승에게 초라니패가 들어와 난동을 부리니 무슨 좋은 방법이 없겠느냐고 물었다. 그러자 스님은 뒷산에 있는 초패바위를 무너뜨리면 마을이 평화로워질 것이라고 했다. 주민들이 힘을 모아 두 달이 넘게 작업을 하여 마침내 바위를 넘어뜨렸더니 이후 마을이 평화로워졌다고 한다.

재 정상에 올라왔으면 이제는 곰적골을 향해 내려가야 한다. 곰적골로 가는 길에는 흑염소가 풀을 뜯고 있는 '너와나목장'이 보인다.

한적한 곰적골 계곡

중지마을 만연재   곰적골 계곡   용연마을 정자

만연재 정상에서 내려가면 곰적골이 나온다. 곰적골은 화순에서 광주로 나갈 때 사용하던 옛길이다. 곰적골 계곡 아래에는 용연마을이 있다.

중지마을 사람들 중 광주로 학교를 다니는 사람들은 이 길을 이용했는데 당시에는 용연마을의 텃새가 심했다고 한다. 계곡 중간쯤에는 폭포와 아들바위가 있다. 예전에는 자주 이용했지만 현재는 사람이 많이 다니지

곰적골의 끝 무렵 보이기 시작하는
용연마을

않기 때문에 한적한 오솔길이 되었다.

사람들이 많이 다니지 않는 길이어서 바닥에는 청정한 곳에만 생긴다
는 이끼가 껴 있는 곳도 있다. 사람의 손을 타지 않은 듯한 곰적골의 모습
이야말로 제12길에서만 즐길 수 있는 특별한 볼거리가 아닐까 싶다.

곰적골을 걷다 보면 길을 따라서 시원한 계곡물이 흐른다. 이 계곡물은

곰적골 계곡의 여름 • 사진 제공 : 심인섭(Simpro)

길을 가는 내내 옆에서 흐른다. 여름철에는 계곡물의 시원한 소리만으로도 더위를 달랠 수 있을 것이다.

곰적골은 길이 좁고 내리막길이어서 걸을 때 조심해야 한다. 한적한 숲길을 따라 걷다보면 어느새 계곡의 모습이 점차 숲속으로 사라진다. 풀숲에 가려져 보이지는 않지만 물 흐르는 소리는 계속 들린다. 마침내 우거진 나무를 벗어나오면 제12길의 마지막 지점인 용연마을 정자가 보인다.

곰적골을 빠져나오는 길

제12길은 처음 중지마을에서 만연재로 가는 오르막을 지나면 대부분이 내리막길이다. 내리막길에서는 방심하다가 미끄러져 부상하지 않도록 유의하면서 걸어야 한다.

제12길에서 무돌길의 여정을 마치고 싶다면, 용연마을의 정류장에서 지원 52 버스를 타거나 조금 더 걸어가 제13길 중간에 있는 정류장에서 지원 151 버스를 타면 광주까지 갈 수 있다.

볼거리

＊ 수만리 탐방지원센터

중지마을에서 만연재로 가는 오르막길을 걷다 보면 어느새 오르막이 끝나는 지점이 나온다. 여기에 작은 건물 한 채가 있다. 이 건물이 수만리 탐방지원센터이다. 수만리 탐방지원센터는 무등산 동부 사무소에서 관리를 한다. 사무실과 함께 공중화장실이 있다. 일요일을 제외하고는 사무소에 직원이 상주한다. 건물 앞에는 현재 위치를 중심으로 한 안내 지도가 있다. 여기서 앞으로의 코스를 다시 한 번 확인하고 새로운 길을 계획할 수도 있다. 앞에는 주차장이 있다.

수만리 탐방지원센터 앞의 표지판(↑)
수만리 탐방지원센터 화장실(↓)

＊ 너와나목장

만연재를 가다 보면 길에 흑염소를 방목하고 있는 목장이 보인다. 너와나목장은 600여 마리의 흑염소를 키우고 있다. 목장 주인이 직접 식당도 운영하기 때문에 신선한 흑염소 고기를 맛볼 수 있다. 이전에는 더 많은 염소를 기르고 있었는데 무등산이 국립공원으로 지정된 후 제약 때문에 염소 수를 줄였다고 한다.

너와나목장의 넓은 초지
• 사진 제공 : 심인섭(Simpro)

＊ 장불재

너와나목장 뒤쪽으로 가면 장불재를 넘을 수 있다. 무등산 정상인 천왕봉에서 남서쪽으로 서석대와 입석대를 거쳐 내려선 고개 마루가 장불재이다. 광주광역시 용연동과 화순군 이서면 영평리 사이에 위치하며 만연재에서 넘는 구간이 최단 거리이다. 《대동지지》에 '장불치'라고 표기되어 있다. '백마 능선'이라고도 불리는데 모양이 마치 말 잔등 같이 생겨서 붙은 이름이다.

＊ 아들바위

곰적골을 걷다 보면 폭포와 함께 길 양쪽에 바위가 있다. 한쪽 바위에서 건너편 바위로 돌을 던져 넣으면 아들을 낳는다는 전설이 있다. 예전부터 많은 사람들이 길을 지나가면서 돌을 던졌다고 한다. 하지만 최근에 태풍이 왔을 때 많이 유실되었다고 한다.

- 주소 전라남도 화순군 화순읍 수만리
- 거리 / 시간 총 4Km / 약 1시간 소요
- 코스 정보 중지마을 만연재-곰적골 계곡-용연마을 정자
- 화장실 수만리 탐방지원센터 공중화장실
- 대중교통 (화순 공공도서관 입구 정류장 하차) 지원 151, 지원 152
  (환승 중지마을 정류장 하차) 화순 군내 버스 217-1
  참고 : 화순 군내 버스는 하루 세 번 오전 8시, 오후 1시 30분, 오후 4시 30분에
  화순 군내 버스터미널에서 출발한다. 배차 간격이 길고 하루 세 번 밖에 운행하지
  않기 때문에 화순 시내에서 택시를 타고 큰재 주차장까지 가는 것을 추천한다.
- 맛집 / 숙박
  너와나목장
  메뉴 : 흑염소 코스요리 (불고기-수육-전골)
  주소 : 전라남도 화순군 화순읍 중지길 202
  전화번호 : 061-373-2202

Tip

☞ 중지마을의 향토적인 모습 둘러보기

☞ 만연재에서 갈 수 있는 다양한 등산 코스 올라가기

☞ 곰적골로 접어들기 전 흑염소목장의 흑염소 구경하기

☞ 보존이 잘된 곰적골을 걸으며 자연을 만끽하기

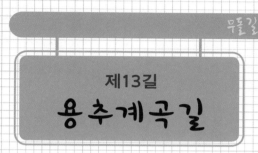

무돌길 지리기행

제13길
용추계곡길

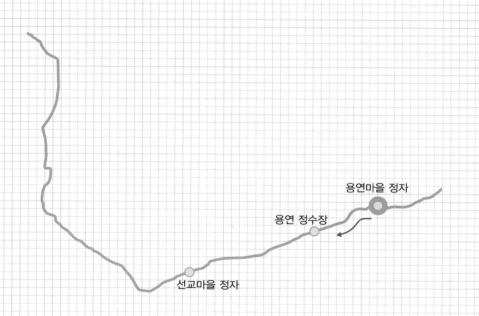

용연마을 정자

용연 정수장

선교마을 정자

제13길 용추계곡길은 무등산 남쪽으로 흐르는 용추계곡을 따라 형성된 길로 무돌길 15구간 중에서 가장 먼저 개통된 길이다. 원래 논과 밭 사이를 지나는 길이었으나

용연 정수장이 생기면서 불가피하게 포장도로로 바뀌었다.

길은 용연마을 정자에서 시작하여 …▸ 용연 정수장 …▸ 선교마을 정자까지이고, 구간 거리는 총 3km, 시간은 약 50분 정도 소요된다.

특별한 오르막길이나 내리막길이 없이 평지로 이루어져 있기 때문에 걷기에 부담이 없는 구간이다. 또한, 광주와 화순 지역 주민들이 왕래해 온 길로, 주민들의 생활과 문화가 고스란히 배어 있다.

구간이 전반적으로 포장도로이기 때문에 다소 밋밋하고 지루할 수 있는 길이지만, 광주 끝자락에 위치한 제2수원지, 시원한 물이 흐르는 용추계곡 등이 전하는 아름다운 풍경은 어디에도 뒤떨어지지 않는다.

또한, 역사와 문화를 통해 마을의 옛 모습을 그려 보고, 주민들의 생활상을 통해 현재의 모습을 엿볼 수 있는 과거와 현재가 공존하는 길이다. 무돌길 제13길은 걸을 수도 있고 자전거를 타고 가볍게 달리기에도 좋은 구간이다.

주변 볼거리로 광주 5대 수원지 중 하나인 제2수원지, 용추계곡, 너릿재 등이 있다.

당산나무 아래에 있는 용연마을 정자

❶ 용연마을의 자랑인 당산나무 | ❷ 광주 시민의 식수를 책임지는 용연 정수장의 입구

• 사진 제공 : 심인섭(Simpro)

무돌길 제12길 구간인 곰적골을 지나 제13길의 시작인 용연마을로 들
어서면 용연 당산나무가 보이고, 길을 따라 진행하다 보면 용연 경로당을
지나 무돌길 표지판을 볼 수 있다. 오른쪽으로 눈을 돌리면 용연마을의

자랑인 당산나무(느티나무)가 늠름하게 버티고 서 있다.

용연마을에는 용이 사는 연못이 있다고 하여 '용솟골'로 불렸으며, 후에 '용연동'으로 바뀌었다. 예전에는 '배암골'이라고도 불렸다. 마을 역사는 약 670년 정도 되었고, 1970년대에는 105가구에 이르렀으나 이후로 점차 줄어 지금은 약 50가구 정도가 거주하고 있다. 현재 김해 김씨와 밀양 박씨 성을 가진 사람들이 비슷하게 거주하고 있다.

용연마을은 무등산의 남서쪽 계곡에 위치하며 광주광역시의 제2수원지 아래에 위치하기 때문에 마을의 남서쪽 계곡만 트여 있고 나머지는 산으로 둘러싸여 있다.

남도문화제에 광주시 대표로 동네 당산제로 출전하기도 하면서 당산제와 기우제, 농악의 전통이 잘 보존된 마을로 알려졌었다. 그러나 광주

용연마을의 정겨운 돌담

시내로 전출하는 인구가 점점 늘면서 1980년대 이후로 당산제와 농악의 전통이 끊기고 말았다. 다행히 기우제는 광주동구문화원에서 발굴해 최근에 광주민속예술축제에 출전하기도 했다.

마을 안에는 옛 모습 그대로를 보존한 돌담이 상당 부분 유지되어 있어 매우 특색 있는 경관을 연출하고 있다. 돌담을 둘러싼 담쟁이, 호박 등 넝쿨식물로 덮인 돌담의 모습과 마을 곳곳 작은 텃밭들이 아기자기하게 조성되어 있어 정겨운 시골 골목길의 재미를 느끼게 해 준다.

마을 주 소득원은 논 농사지만 모싯잎도 유명하다. 마을의 나이 드신 어른들은 낮 시간에 모여 소일거리 삼아 넓은 자리에 모여 앉아 모싯잎을 다듬는 모습을 볼 수 있다.

용연마을에서 빠져나가는 다리를 건너면 왼쪽이 용연 정수장 방면이다. 반대로 오른쪽으로 거슬러 올라가면 제2수원지를 볼 수 있다.

광주의 상수원인 용연 정수장

용연마을 정자　　　　　용연 정수장　　　　　선교마을 정자

용연 정수장 길은 논과 밭 사이를 지나가는 길이었지만 용연 정수장이 생기면서 포장도로로 바뀌었다.

용연 정수장은 동복호의 물을 정수 처리하고, 하루에 24만㎥의 정수 능력을 갖추고 있다. 용연 정수장은 광주시의 65%인 80만 명에게 물을 공급한다. 그리고 현재 용연 정수장 내에 소수력 발전소도 건설 중이다. 또한, 시민들에게 더 깨끗하고 맛있는 물을 공급하기 위해 용연 정수장 내에 오는 2017년까지 고도 정수 처리 시설을 설치할 계획을 세우고 있다.

광주의 상수원은 상류 지역에 공장이나 산업 시설이 거의 없기 때문에 인체에 해로운 물질이 유입되지 않는 좋은 조건을 가지고 있으나, 대부분 호소수이기 때문에 조류(식물성 플랑크톤)가 대량으로 발생하기도 한다. 현재는 상수원수 2급수로서 비교적 좋은 조건의 수질 상태를 유지하고 있다.

용연 정수장을 둘러보고 5분 정도 걷다 보면 오른쪽에는 선교로중앙

선동마을 정자와 당산나무

교회라는 큰 건물이 자리잡고 있다. 왼쪽에는 커다란 당산나무가 정자 옆에 있는데, 여기부터가 신선이 살았다고 이름 붙여진 선동마을(선교마을)이다.

가구 수는 약 40가구이고, 일반적인 마을 구조와 다르게 도로의 오른쪽으로만 집들이 집중되어 있다.

선교마을 정자 옆에 있는 다리 밑으로는 개울이 흐른다. 정자의 주위에 자연석 20여 개를 놓아 앉아서 쉴 수 있게 해 놓았다. 주민들의 유일한 쉼터여서 자주 이용되고 있으며 여름이면 정자와 주변의 자연석에 앉아 마을 회의를 열기도 한다. 행락객들도 자주 이용하고 있다.

*동복댐

전라남도 화순군 이서면 서리에 있는 댐으로 1985년 섬진강의 지류인 동복천에 세워졌다. 한국 최초의 콘크리트 표면차수형 록필댐이다. 하루 25만㎥의 상수도용 원수를 광주광역시에 공급하고 있다. 광주광역시에서 남동쪽으로 약 20km 떨어져 있다. 동복댐은 동복천 상류 지류 하천의 집수 지역의 협곡에 쌓은 댐으로, 광주시민과 화순읍민의 식수난을 해결하는 상수도원이 되었다. 1984년 확장 공사로 화순 관내에서 으뜸가는 관광 명소였던 적벽 일대가 안타깝게도 물에 잠겼다. 더불어 상수도 보호 구역이 되어 쏘가리, 메기, 가물치 등 담수어의 어획도 제한을 받게 되었다.

*제2수원지

1930년대 광주시민을 책임졌던 제2수원지

제2수원지는 광주 5대 수원지 중 하나이다. 광주광역시 동구 용연동에 위치하고 1939년에 준공되었다. 광주는 100년 전 인구 1만명의 작은 면에서 시작하였다. 1930년대 말 무렵에는 광주 인구가 5만 명에 달해, 인구 대비 물이 부족하여 매년 시간제 급수로 애를 먹는 상황이었다. 제2수원지는 이러한 물 부족 문제를 해결하기 위해 1937년 건설되었다. 생긴 지 60년이 훨씬 지났지만 지금도 시내 일부 지역은 이곳의 물을 끌어다 마신다. 수원지가 생기면 수몰 지역이 발생하는 것은 불가피하다. 또한 오염원 방지를 명분으로 무등산의 명물이었던 용추폭포가 폭파되어 사라졌다.

*용추계곡

무등산은 각 방위마다 큰 계곡이 있다. 서쪽에는 증심사 계곡, 남쪽에는 용추계곡, 북쪽에는 원효계곡이 자리 잡고 있다. 무등산의 수려한 수풀 경치와 어우러진 시원한 계곡은 여름의 더위를 식혀 주는 무등산 자락의 대표적 피서지로 여행객들의 발길이 끊이지 않는다.

용추계곡은 해발 900m의 장불재 고원지대에서 흘러내린 물이 모여서 이루어졌으며, 계곡의 길이는 4km다.

계곡 양쪽으로는 울창한 숲이 있고, 다래나무 넝쿨이 계곡을 덮어 낮에도 하늘을 보기 어려울 정도로 울창한 천연림이 운치를 더한다. 계곡물이 중머리재 남쪽에 이를 즈음에는 바위와 숲의 경관이 절정에 이른다. 40~50명이 능히 앉을 수 있을 만큼 넓은 '치마바위'라고 부르는 반석을 볼 수 있다. 거대한 반석의 위로는 계간수가 흐르고 있다. 이곳이 남도의 대표적 폭포로 손꼽히던 용추폭포가 있던 곳이기도 하다. 제2수원지 건설 당시 폭파되어 현재는 그 모습을 볼 수가 없어서 안타깝다. 용추계곡의 가을철 단풍과 겨울철 설화도 빼놓을 수 없는 경관 중의 하나이다.

* 너릿재

광주에서 화순읍으로 가기 위해 넘어야 했던 고개가 너릿재이다. 장불재에서 뻗어내린 산줄기가 용추계곡의 동남쪽으로 흐르면서 이루어진 수레바위산과 소룡산의 접점에 위치한 너릿재는 광주광역시와 화순군의 경계 지점이다.

아름다운 경관을 자랑하는 너릿재 입구

너릿재는 가슴 아픈 역사가 깃들어 있는 곳이기도 하다. 갑오동학농민전쟁(1894년) 때 일본군이 이곳에서 동학농민군들을 학살하였다. 너릿재를 '널재'라고도 하는데 이때 학살된 동학농민군들의 수많은 널이 너릿재를 지난 데서 부르는 이름이라고 한다. 또한 1946년 8·15광복 1주년 광주 기념식 때 참가하여 재를 넘어가던 화순 탄광 노동자들이 미군에 의해 학살당한 곳이며, 1980년대 광주민주항쟁 때는 화순과 광주를 오가던 시민군들이 공수부대의 총격으로 사망한 곳이다.

너릿재 옛길은 1971년에 너릿재터널이 개통되면서 일반 도로보다는 산책로로 주로 이용되고 있다. 약 2km인 옛길은 광주 쪽에서 정상까지는 포장되어 있지만 정상에서 화순까지는 흙길로 이루어져 있다. 현재 이곳은 MTB 산악인, 마라토너들이 선호하는 코스인데, 이 밖에도 드라이브 코스, 연인들의 데이트 코스, 가족들의 산책로로 이용되며 많은 사람들의 발길이 이어지고 있다.

너릿재터널의 바로 옆에는 '소아르(Soar) 갤러리'가 있다. 독특한 미술 조각품과 함께 특유의 분위기를 만들어 내고 있어서, 너릿재 옛길의 여행객들에게 덤으로 주어지는 방문 코스가 될 것이다.

찾아가기

- 주소 광주광역시 동구 용연동
- 거리 / 시간 총 3km / 약 50분 소요
- 코스 정보 용연마을 정자 – 용연 정수장 – 선교마을 정자
- 대중교통 버스 (용연동 정류장 하차) 지원 52

Tip

☞ 용연마을의 풍습과 전설에 흥미 가지기
☞ 광주시민의 식수를 책임지는 용연 정수장에 관심 가지기
☞ 용추계곡의 빼어난 경관을 감상하기
☞ 너릿재길을 걸으며 여유로움 만끽하기

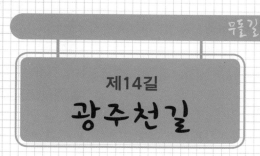

제14길
광주천길

남광교

원지교

주남마을

선교마을 정자

제14길은 광주천길로 광주천을 따라 걷는 구간이다. 여러 종류의 하천 생물들을 볼 수 있어서 '생태하천길'이라고 부르기도 한다.

다른 길과는 달리 제14길은 광주 시내를 통과한다. 광주의 중심을 관통하는 광주천을 따라 걷다 보면 광주시민의 생활상과 역사, 문화를 엿볼 수 있다.

길은 선교마을 정자에서 시작하며 ···› 주남마을 ···› 원지교 ···› 남광교까지이다. 구간 거리는 총 4.8km, 시간은 약 1시간 20분 정도 소요된다. 3정승 6판서가 배출될 지세에 자리 잡은 내지마을과 5·18민주화운동에 관련된 주남마을 등 마을 형성에 관련된 여러 이야기가 전해지고 있다. 또한, 생태하천길이라고 불리는 만큼 오리·찌르레기 등의 조류와 너구리·고라니 등의 포유류, 도롱뇽·무자치 등의 양서류, 피라미·참붕어 등의 어류가 서식하는 다양한 생태계를 갖추고 있다.

최근에는 '느림의 미학'이라는 말이 생기고, 자연 속 길 걷기에 대한 관심이 뜨겁다. 도심과 가까운 이 길은 봄이면 유채꽃이 만발하고 가을이면 억새와 코스모스가 활짝 피어 가족이나 친구, 연인끼리 걷기 좋은 구간이다.

크고 작은 다리들과 곳곳에 만들어진 징검다리를 세면서 걸어가는 것 또한 소소한 즐거움이 될 수 있다.

주변에 있는 광주천변 자전거도로로 가서 자전거를 타고 물가를 따라 달려보는 경험을 할 수도 있고, 용산생활체육공원으로 가서 가벼운 활동을 하는 재미도 누릴 수 있다.

마을 주민의 쉼터인 선교마을 정자

선교마을 정자   주남마을   원지교   남광교

선교마을 당산나무와 정자

제14길의 시작점인 선교마을 정자를 지나 다시 10분쯤 걸으면 갈림길이 하나 나오는데, 여기에서 왼쪽으로 가면 광주와 화순의 경계인 너릿재이고, 그대로 직진하면 제14길인 광주천길로 접어든다.

이 갈림길을 지나 10분쯤 걷다 보면 11시 방향에는 이 근처에서 가장 큰 건물인 해피맘요양원이 보이고, 2시 방향에는 커다란 나무들과 함께 교동마을이 있다.

선교마을과 교동마을을 아울러 선교마을이라고 한다. 두 마을은 경계가 뚜렷하지 않고, 주민 간에도 함께 어울려 한 마을처럼 지낸다. 선교마을은 선교농원, 신선포도밭, 감나무 포도농원 등 포도 생산 지역이 밀집되어 있는데 이 지역에서 생산되는 포도는 주로 8월 말까지 수확한다.

❶ 광주 도심을 통과하는 광주천 | ❷ 내지마을 입구를 안내하는 육판리 표지석
❸ 내지마을 모습 | ❹ 행락객들의 쉼터, 남계마을 정자

　주변에는 납닥골, 매랑골, 방석골, 버레실, 원골 등의 골짜기가 있다. 또 너릿재·원지실재 등의 고개와 새태·선동·교동 등의 옛 마을, 야산인 지장산 등이 있다. 유적으로는 교동마을의 너릿재 구릉지대에 고인돌 2기가 있다.

　선교동 앞은 자연재해를 예방하기 위한 광주천 개수 공사를 통해 기존 하천 양쪽을 확장하고 하상을 넓혀 제방을 축조해 보강해 놓았다. 화순 너릿재에서 넘어와 처음으로 인적을 만나게 되는 광주의 첫 마을인 선교동은 과거와 현재, 그리고 도시와 농촌이 공존하고 있는 곳이다.

　길을 따라 10분 정도 걷다 보면 전방에 내지교가 보인다. 내지교를 건너 서쪽으로 2km를 가면 내지마을이 나오고, 길을 따라 북쪽으로 5분 정도 걸어가면 남계마을이 나온다.

내지마을은 '육관리'라고도 하는데 육관리의 형성 시기에 대한 정확한 기록은 없으나, 이곳 주민들은 500~600년 전으로 예상한다. 주민들은 지금도 3정승 6판서가 배출되리라는 사실을 굳게 믿으며 살아가고 있다.

이 마을은 여느 곳과 달리 우리 전통문화의 맥을 잇는 몇 가지 특색을 지니고 있어 눈길을 끈다. 그 대표적인 예로 전통 상례가 지금까지 전해지고 있다. 광주 도심과 불과 10분 거리인데도 마을에서 상을 당하면 꽃상여를 이용해 장례를 치르는 풍속을 지키고 있다. 꽃상여의 장례 행렬은 이제 고전 영화 속에서나 볼 수 있는 광경이지만, 육관리에서는 요즘에도 이러한 모습들을 종종 볼 수 있다고 한다.

또한, 마을에는 자손 대대로 내려오는 3개의 위친계가 있다. 촌장격으로 구성된 원로계와 장년계, 청년계가 그것이다. 이들 계는 육관리의 크고 작은 모든 행사를 주관하고 마을의 화합과 안녕을 위해 노력, 봉사하고 있다. 이들은 민주적으로 운영되고 있는데, 마을의 중대한 사안에 대해서는 계원들의 중지를 모아 결정하는 등 '현대판 향약'으로 자리매김하고 있다.

마을을 둘러보면 무등산 자락에서 뻗어 내린 분적산이 병풍처럼 든든히 버티고 있고 내지천이 마을을 감싸며 흐르고 있다. 그렇기 때문에 풍수지리적으로 궁벽한 마을에서 출세한 사람이 많이 나올 수밖에 없다는 설명이다. 마을 내력을 살펴보니 꼭 풍수지리학적 지세 때문만이 아니라 육관리의 놀라운 교육열도 한몫하는 것 같다. 단순히 자식들의 교육열이 아니라 어른 아이 가릴 것 없는 배움의 열기가 뜨거웠기 때문이다.

내지교를 지나 5분가량 걷게 되면 남계교가 나오는데, 왼쪽을 보면 정자 하나가 눈에 들어온다. 남계마을 입구에 있는 정자는 자전거 라이더들의 쉼터로 애용되고 있고, 마을이 아기자기 모여 있어 작지만 정돈된 느낌이다.

가슴 아픈 역사의 현장인 주남마을

선교마을 정자 · 주남마을 · 원지교 · 남광교

주남마을 입구에서 객을 반겨 주는 정승

　남계교에서 15분 정도 걷다 보면 3시 방향에 버스 차고지가 보이고, 조금 더 멀리 보이는 곳이 '주남 버스 총격 사건'으로 알려진 주남마을(월남리)이다. 주남마을에서 시선을 돌려 30분 정도 걷다 보면 전방에 제2순환도로가 보이고, 제2순환도로 고가 밑을 지나면 왼쪽에 용산생활체육공원이 보인다.

　주남마을 경로당 2층에는 마을 역사관을 운영하는데, 마을에 관련된 다양한 설명을 보고 들을 수 있어 마을의 역사를 생생하게 느낄 수 있다.

　광주시는 급속한 사회 환경 변화에 부응하고 시민들의 건강 증진과 생

활체육 활성화를 위해 2006
년에 이곳에 용산생활체육
공원을 조성하였다.

공원이 생긴 후 지역 가치
가 상승해서 주민들의 호응
도가 높아졌다. 무엇보다 운
동하기가 더 편리해졌다고

주남마을 경로당과 마을 역사관

더 알아보기

*주남 버스 총격 사건

5·18민주화운동 당시 계엄군은 주
남마을 뒷산에 진을 쳤다. 주남마을
앞으로 난 국도는 화순 방향으로 난
광주의 주요 길목이어서, 사람과 차
량 통행을 봉쇄하기에 적합한 장소
였던 것이다. 그러던 5월 23일 이 길
을 버스 한 대가 지나가게 됐다. 버

5·18민주화운동의 넋을 위로하는 위령비

스에는 학생과 여자 4명을 포함 총 18명이 타고 있었지만 공수부대는 버스를 향
해 무차별 사격을 가하였다. 이 발포로 15명이 사망하고 3명의 부상자가 발생했
지만, 부상자 중 2명까지 사살한 사건이 '주남마을 인근 양민학살 사건'이다. 그때
의 현장을 사람들이 매일 오고 가지만 일반인들은 그 사실을 모르고 지나친다. 제
2순환도로의 입구가 시작되는 부근에는 그때의 사실을 기록한 5·18사적지 제14
호 표지석이 세워져 있다. 하지만 빠르게 질주하는 차 속에서 그 표지석에 관심을
갖는 사람은 거의 없어 보인다. 한편, 2010년에는 희생자들의 넋을 기리기 위해
마을 뒷산 주둔지 근처에 위령비를 건립하였다.

한다. 잠시 휴식을 취한 뒤 체육공원에서 10분 정도 가면 태암교가 보인다. 다리 위에서 시선을 오른쪽으로 돌리면 소태역이 보인다.

인공폭포 시설이 있는 원지교

선교마을 정자 ── 주남마을 ── 원지교 ── 남광교

여가 생활과 건강을 위한
생태하천길

    소태역을 지나 5분 정도 걸어가면 빛고을종합사회복지관을 지나게 되고, 시선을 조금 더 멀리 내다보면 산 위에 건물들이 있는 것을 볼 수 있는데, 바로 설월여자고등학교와 동일전자정보고등학교이다. 작지만 도심과 떨어져 있어서 조용하고 깨끗한 시설을 유지한다고 한다.

    다시 5분 정도 걸어가면, 광주천 차수벽과 원지교 아래 설치된 인공폭포가 나온다. 이곳은 중심사천과 용추계곡에서 흘러온 물이 합류하는 지점으로, 오가는 사람들의 눈과 발걸음을 잠시 머물게 할 수 있다.

인공폭포를 바라보다가 하늘을 응시하게 되면 하늘 높은 줄 모르고 서 있는 아파트가 눈에 들어온다. 학동 재개발 계획에 따라 주거환경을 개선하기 위해 건설된 아파트이다. 학동은 무등산 줄기가 학처럼 내려와 앉은 구릉지라 해서 '학마을'이라 불렸다.

학동은 그동안 도심 외곽 지역을 주도적으로 개발하는 광주광역시의 정책으로 인하여 열악한 주거 환경 속에 사회·경제·문화적으로 다른 지역에 비하여 상당히 낙후된 지역이었다.

그러나 여러 단체들이 한마음 한뜻으로 뭉쳐 학동을 살기 좋은 동네로

원지교 인공폭포

만들기 위하여 최선을 다하고 있다. 그러면서도 학동 대부분 지역이 주거환경 개선 사업 및 재개발 사업 등으로 인하여 현재의 모습이 역사 속으로 사라질 것에 대비하고 있다. 이에 학동의 옛 모습을 전시하고 체험할수 있는 공간 조성을 위하여 학마을 역사 체험 공간, 학마을 유래와 연혁 간판석 및 전시대 등을 설치하였다.

인공폭포를 지나 제14길의 종점인 남광주시장을 향해 20분 정도 걸어가다 보면 다리 밑에 휴식 공간이 있다. 의자가 놓여 있어 더위도 피하고 아픈 다리도 잠시 쉬어 갈 수 있다. 남광주 역사에 다다르면 체육 시설이 설치되어 있다.

생태하천길이 단순히 교통로가 아닌 주민들의 건강과 여가 공간으로 거듭난 것이다. 눈높이에서 바라보던 도시를 한참 아래서 올려다보는 것도 색다른 느낌이다.

11시 방향을 바라보면, 멀리 제1순환도로와 양동시장 부근의 광주에서 가장 높은 KDB빌딩이 보이고, 마지막 결승선처럼 보이는 남광교를 지나고 다리 위로 올라가면 제14길은 끝이 난다.

광주천길은 광주천을 따라 조망된 길로 다른 구간과는 다르게 주변 경관을 조망하기보다는 가볍게 산책과 운동을 겸한 활동을 위한 곳이다. 다른 무돌길 구간과 달리 도시적인 느낌이 강하게 들기 때문에 이 구간을 아예 배제하고 걷는 사람도 있다. 하지만 광주천변을 따라 걷는 색다른 묘미를 만끽할 수도 있다.

* 광주천변 자전거도로

광주천변에는 동구 소태동에서 서구 치평동 영산강 합류부까지 총연장 12.15km에 이르는 자전거 전용도로가 있다. 자전거 이용자와 보행자 모두의 안전을 위해 왼쪽은 자전거 전용도로, 오른쪽은 보행자 도로로 지정·운영하고 있다.

광주천 자전거도로는 도심 내 설치된 자전거도로와 달리 일반 차량의 접근이 불가능해 차량 충돌과 같은 사고 위험이 없을 뿐 아니라, 도로 내 경사가 심한 비탈면이 없어 자전거 주행에 쾌적성을 더하고 있다. 전문 동호인들 사이에서도 자전거 타기 좋은 곳으로 손꼽히는 장소로 자리 잡고 있다.

* 남계마을 지원초등학교 터

지금은 폐교된 옛 지원초등학교 운동장에는 캠핑할 때 쓰는 카라반들이 세워져 있다. 지원초등학교 건물 2층에는 2014년 3월부터 어린이를 위한 나눔 체험 학습 프로그램 중 하나로 우리 농산물, 우리 쌀로 만드는 베이킹 체험을 운영하고 있다.

* 용산차량사업소

용산차량사업소는 광주광역시 동구 녹동길 45에 위치한 광주 도시철도 1호선의 차량 기지이다. 주 업무는 광주 도시철도 1호선 전동차의 중검수 및 경검수며, 기지 내에 녹동역이 설치되어 있다. 용산차량사업소에는 기지홍보관을 만들어 놓았다. 홍보관에는 광주 도시철도공사 및 전동차 운영 현

용산차량사업소

황, 광주 지하철 특색, 우리나라 지하철 운영 현황, 세계의 지하철 역사 풍경 및 세계 지하철로고, 지하철 안전 가이드, 지하철 건설 의미 등을 전시하고 있으며 지하철 동영상 상영 및

기념 포토라인 등도 운영하고 있다.

＊용산생활체육공원

용산생활체육공원은 인조 잔디 덕분에 밤에도 천변 산책로를 따라 인근 지역의 주민들이 산책과 운동할 수 있는 공원으로 거듭나고 있다. 공원은 용산동을 많은 지역에 알리는 홍보 역할도 하고 있으며, 타 지역 주민들도 주말이면 공원을 많이 찾아 용산동에 활기를 더한다.

조만간 이 공원은 지역 주민들의 체력 향상과 건강을 증진하기 위한 안전하고 활용도 높은 체육 시설물로 재조성하고자 정비 사업에 들어갈 예정이다. 생활체육인 및 주민들의 많은 사랑을 받고 있으나 구장이 작고 시설이 노후되어 체육 활동 시 안전사고가 우려됐었다. 이에 동구는 국·시비를 확보해 안전한 체육 활동을 위해 노후된 인조 잔디를 교체하고 축구 경기에 불편함이 없도록 현 55×90m 규격의 인조 잔디 구장을 일반 경기 평균 수준 규격으로 확장할 계획이다. 또한 지역 주민들의 체육 행사 및 체육 활동 참여를 높이고자 예술적 요소가 가미된 자연 친화적 주 무대와 자연 경관과 어우러지는 친환경 관람석을 설치하고 조깅로 개선, 그늘 제공을 위한 조경수 식재 등 시설 보완도 함께 추진할 것이다.

마을 주민들의 여가 활동 공간인 용산생활체육공원

＊ 제2순환도로

광주광역시의 외곽 지역을 순환하
는 27.66km의 도시 고속도로이다.
기존의 제1순환도로가 시내에 위치
한 반면 제2순환도로는 시외에 위치
하고 있다. 전 구간이 자동차 전용도
로 구간으로, 1992년 10월 1일에 착
공하여 1995년 1월 15일을 시작으
로 일부 구간이 순차적으로 개통됐

교통 혼잡을 줄여 주는 제2순환도로

다. 2004년 12월 10일 각화사거리~동광주 나들목 간 교통 혼잡으로 인해 호남고속도로
와 접속 노선이 문흥 분기점으로 변경됐으며, 문흥 나들목 신설 등의 변경 노선 구간을 착
공하였다. 2009년 12월 17일 문흥 분기점이 개통되면서 전 구간이 완공되었다. 광주광역
시의 도로 중에서 유일하게 노선 번호가 부여된 곳으로, 노선 번호는 광주광역시도 제77
호선이다. 순환도로 구간 중 일부 민간 자본에 의해 건설된 구간이 있어 각 3개 요금소에서
통행료를 징수하고 있다.

- 주소 광주광역시 동구 선교동
- 거리 / 시간 총 4.8km / 약 1시간 20분 소요
- 코스 정보 선교마을 정자 – 주남마을 – 원지교 – 남광교
- 대중교통 버스 (선교 정류장 하차) 지원 52, 지원 150, 지원 151, 지원 152

Tip

☞ 선교마을 정자에서 안락한 휴식하기

☞ 내지마을의 전통문화 느끼기

☞ 주남마을에 들러 5·18민주화운동 생각해 보기

☞ 용산생활체육공원에서 시설 이용하기

☞ 학동의 과거와 현재를 비교해 보기

☞ 광주천변을 걸으며 원지교 감상하기

제15길
폐선푸른길

광주역
농장다리
푸른길공원
남광교

제15길 폐선푸른길은 도시 공원이자 도시 숲길로서, 쉼터이자 연결로 역할을 한다.

길은 남광교에서 시작하여 …▸ 푸른길공원 …▸ 농장다리 …▸ 광주역까지이고, 구간 거리는 총 4km, 시간은 약 1시간 정도 소요된다.

잘 정비된 길과 산수동 굴다리 같은 광주 도심의 오래된 흔적을 보며 힘들이지 않고 걸을 수 있다.

제15길에는 전시 공간과 예술가, 시민 작가 등의 작품들이 전시된 푸른길 갤러리가 있다. 갤러리 공간은 다양한 커뮤니티들의 모임 장소로도 활용되며, 교육, 모임의 용도로도 사용된다.

푸른길기차 도서관은 남광주역 인근의 어린이들을 위한 도서관이자 놀이터이다. 기차 안에서 책을 읽는 듯한 기분을 느낄 수 있고, 그림을 그리며 놀 수도 있다. 남광주역사에서 정보를 얻고 싶으면 푸른길 방문자 센터에 가면 된다.

방문자 센터에서는 폐선 부지가 푸른길공원으로 조성되고 결정되는 과정들을 알 수 있고, 《푸른길로》라는 제15길의 다양한 모습과 프로그램을 다룬 월간지를 받을 수도 있다. 광주시민들이 조성한 푸른길을 걷다 보면 과거와 현재의 광주의 모습을 한눈에 볼 수 있다.

주변 볼거리로 새롭게 문을 열 국립아시아문화전당, 광주 도심의 오래된 상설 시장인 대인시장 등이 있다.

푸른길의 시작, 남광주역

남광교 · 푸른길공원 · 농장다리 · 광주역

푸른길공원 내부에 남아 있는 폐선(↑)
푸른길공원 왼편에 조성된 산책로 모습(↕)
• 사진 제공 : 심인섭(Simpro)

　제15길의 시작 지점에 있는 남광주역은 지하철 개통과 함께 폐쇄되면
서 사라진 역사이다. 역으로서의 기능을 잃고 현재는 푸른길이 시작되는
곳이다.

　광주시는 '추억의 역사와 만나는 희망의 광주'라는 주제로 남광주역사
에 광주의 변천 과정과 서민 생활상 등 광주의 다양한 옛 모습과 발전상
을 사진으로 만날 수 있는 '추억의 역사 테마관'을 만들었다.

'추억의 역사 테마관'은 옛 남광주역에 정차한 열차의 모습을 역사 내 공간을 활용해 형상화하고, 열차 안과 바깥 공간에 광주의 변천사에 대한 다양한 사진과 영상 자료를 전시한다.

시민들의 기억에서 사라져 가는 옛 광주의 소중한 기억을 되새기고, 지나간 역사를 통해 광주의 미래를 그려 볼 수 있는 의미 있는 공간이자 교육의 장소이다.

남광주역에서 2분 정도 걷다 보면 10시 방향에 남광주시장이 나온다. 남광주시장은 남광주역을 통해 화순, 보성, 고흥 등 전라남도 동남부 지역의 농산물과 수산물이 집산하는 곳이었다. 생산자가 새벽 열차를 타고 와서 직접 판매하면서 공터에 시장이 형성되었다.

광주를 대표하는 전통 시장으로서 역할을 하다가 2000년 경전선의 남

남광주 역사에 조성된 푸른길공원의 모습
• 사진 제공 : 심인섭(Simpro)

광주역 노선이 폐지되면서 기능이 약화되었고, 대형 마트가 생기면서 예전의 명성을 많이 잃어버렸다.

그러나 남광주시장은 산지의 수산물이 바로 직송되어 항상 싱싱한 수산물들을 구입할 수 있기 때문에 광주의 대표적인 수산물 시장이다. 광주에서 여러 음식점을 운영하는 많은 사람들이 주로 남광주시장에서 수산물을 구입하기 때문에 '광주의 아침을 여는 시장'이라는 별명도 가지고 있다.

폐선 부지를 시민들의 공원으로 만든 푸른길공원

남광주역사부터 제15길이 끝나는 지점인 광주역까지 약 3km에 걸친 거리를 '푸른길공원'이라고 한다. 과거 경전선이 처음 개설되었을 때 광주의 외곽 지역을 통과하는 노선이었으나, 광주의 도시화로 이제는 도심지를 가르는 구간이 되었다.

도심에 있는 철도는 교통 체증을 유발하고, 건널목에서 교통사고를 유발했다. 또 소음을 발생시키고, 철로변 주거 지역이 노후화되면서 도시 발전의 저해 요소로 등장하였다. 이렇게 문제를 일으키자 1995년 철도 이설이 결정되었다. 주민들은 철도 이설로 남는 폐선 부지를 도심 공간을 상징하는 녹지로 조성해 광주의 새로운 명소로 만들기로 하였고 약 11년

푸른길공원 폐선길에 핀 들꽃(↑)
· 사진 제공 : 심인섭(Simpro)
푸른길의 마지막, 광주역으로 가는 길(↓)

의 공사를 걸쳐 푸른길공원이 탄생했다.

현재 푸른길공원은 나무와 꽃이 우거지져 있어 한가롭게 산책할 수 있고, 지친 다리를 잠시 쉬어 갈 벤치도 곳곳에 있다. 주민들은 푸른길공원을 조성하면서 대보름 행사, 철길 걷기, 폐선 부지 활용 방안에 대한 토론회 등 환경단체에서 개최하는 행사를 푸른길에서 할 수 있도록 하였다. 아울러 주민들은 스스로 가꾸자는 의미로 100만 그루 헌수 운동을 펼쳐 1만여 명이 1만 원에서부터 1000만 원까지 기부하여 약 5억 원의 기금을 마련하여 주월동과 계림동에 '참여의 숲'을 조성하였다.

푸른길을 통하여 공원이 조성되면서 도심에 활기가 넘치게 되자, 광주광역시뿐만 아니라 다른 지자체들도 도심 재생에 관심을 갖게 되었다. 남구는 마을 공동체 협력센터, 동구는 문화 전시 공간 등을 제공하는 데 관심을 쏟고 있다.

푸른길 주변 한옥 등을 철거하고 재개발하기보다 관광과 숙박 시설로 되살리자는 제안도 나오고 있으며, 독특한 주거 문화 양식을 활용하는 방안도 검토되고 있다.

모범수들의 나들이 길, 농장다리

제15길 구간을 대략 40분 정도 걷다 보면, 하나의 커다란 설치 예술 작품을 보게 된다. 길을 함께 걸은 폐선같이 세월의 흔적을 볼 수 있는데, 이 작품은 우리나라의 대표적인 건축가에 속하는 승효상 씨가 만든 '농장다리'이다.

구조물 앞에는 "푸른길의 농장다리는 지난 60년대까지 인근에 있었던 광주교도소의 재소자들이 농장 사역을 하기 위해 건넜던 데서 붙은 이름이다. 이 다리에서 철로변에 형성된 동네로 내려가는 계단은 현재 주민들의 작은 집회장으로 쓰이며, 다리 밑 공간은 거리의 전시 기능을 수행하고 있어, 문화 시설로 이용되고 있다. 이 기능을 구체화하여 푸른길의 작은 문화샘터를 만드는 것이 이 폴리의 목표이다. 자재는 관리하기 쉬운 내후성 강관으로 폐선된 철로를 연상하게 하는 기억의 장치가 된다. 농장다리와 푸른길을 연결하는 계단은 객석과 쉼터가 되고, 그 공간은 푸른길

광주역으로 가는 길 중간에 있는 농장다리

에서 발생할 수 있는 많은 활동을 위한 문화적 하부 구조로서 기능할 것
이다."라고 유래와 용도가 써 있다.

세월의 흔적을 느낄 수 있는 폐선과 어울리기 위해 승효상 씨는 최대한
비슷한 분위기를 가진 재료를 사용하여, 보는 이에게 마치 옛날부터 있던
공간인가 하는 착각을 불러일으킨다.

푸른길공원을 따라 농장다리를 지나 계속 걸으면 제15길의 마지막 지
점인 광주역이 나온다. 광주역 내에 편의점을 포함한 서너 곳의 음식점이
있고, 무돌길 정보를 얻을 수 있는 광주 종합관광안내소가 있다. 현재의
역사는 1969년에 준공되었다.

제15길은 무돌길의 다른 구간에 비해 도심을 남동 방향에서 북서 방향
으로 가로지르는 길이다. 서석동과 계림동 등 광주 도심부의 오래된 주택

가를 지나기 때문에 광주라는 도시의 역사를 느낄 수 있다. 이른 새벽에 남광주시장에 가 보면 광주의 또 다른 모습을 느낄 수 있다.

푸른길의 중간에 노점 상인들이 파는 뻥튀기, 옥수수빵과 같은 군것질이 맛보고 가라는 듯 유혹한다. 제15길은 산책로와 같이 접근하기 쉬우며, 광주 시민들의 땀으로 일군 길이기 때문에 더욱 정겨운 느낌을 준다.

광주역의 모습

＊국립아시아문화전당

광주광역시 동구 광산동에는 지금 국립아시아문화전당 공사가 진행 중(2014년 현재)이다. 광주의 역사적 정신적 중심에서 민주·인권·평화 정신의 구현, 창작, 전시, 공연 활동 등 아시아 문화를 테마로 한 복합 문화 시설을 위해 조성되고 있다. 문화 전당은 중앙 부처, 지자체, 시민뿐만 아니라 아시아 각국과의 교류를 추구하고 있다.

아시아 문화 중심 도시는 5·18민주화운동 등을 통하여 광주에 내재된 민주와 인권 그리고 평화의 정신을 미래 지향적으로 계승하여 인간 중심의 도시, 억압과 소외가 없는 평화 인권의 도시, 열린 소통의 도시, 자연을 도구로만 인식하지 않는 환경 친화적 도시 등을 지향하고 있다.

국립아시아문화전당의 설계는 재미 건축가 우규승 씨의 '빛의 숲'이 선정되었다. 작품 명칭에서 알 수 있듯이, 빛과 숲의 개념을 전체 조성물에 도입하는 것이다. '지상공원화와 지하

공사 중인 국립아시아문화전당

건물'의 건축 양식으로 지어지며, 건물 안에서 밖의 경관을 볼 수 있고, 낮에는 자연 채광을, 밤에는 불빛이 뿜어져 나올 수 있도록 설계하였다.

국립아시아문화전당은 문화 발전소이자, 7개 문화권과 문화터, 문화방 등을 잇는 문화 시설 네트워크를 통해 국립아시아문화전당의 에너지를 도시 전체로 확산하는 역할을 한다. 5·18민주화운동 기념 공간인 민주평화교류원과 세계적인 공연을 만들어 내는 공간인 아시아예술극장이 있다. 또한 아시아 문화 전문 인력 양성을 위한 아시아문화원과 다양한 체험 활동을 통해 근본 원리를 배워 가는 어린이들을 위한 어린이문화원으로 구성되어 있다. 어린이들을 위한 전용 공간도 있어서 가족 단위로 방문하기에 알맞다.

＊ 대인시장

광주광역시 동구 대인동에 위치한 전통 시장이다. 지하철로는 금남로 4가역 3번출구에서 내려 걸어가면 된다. 역 앞에서 버스를 이용하려면 지원 151, 1187 버스를 타면 된다. '대인시장' 또는 '대인 예술시장'이라고도 불린다. 대인시장은 한국전쟁 이후 구 광주역 동편 공터에 인근 주민이 모여들

예술가들과 함께하는 대인시장 동문다리 입구 모습

어 형성된 시장이다. '예술 시장'으로 거듭나고 있는 대인시장은 상인과 작가가 함께 만드는 소통의 공간이다. 2008년 광주 비엔날레를 하며 총감독을 맡은 박성현 큐레이터가 상인들과 함께 '복덕방 프로젝트'를 하면서 '예술 시장'으로의 모습을 갖추게 되었다. 상인들은 직접 그린 그림과 손글씨를 써서 재능 기부를 하였고, 약 100명의 예술가들이 모여서 작업실을 열었다.

대인시장은 2013년 시장경영진흥원에서 추진하는 '문화 관광형 시장 육성 사업'으로 선정되었다. '문화 관광형 시장'이란 문화 및 교육 공간 조성을 기본으로 하며 공연과 문화 활동 지원을 더해 전통 시장을 문화 관광 자원으로 한 차원 끌어올리는 것을 목적으로 하는 시장을 말한다. 지친 다리를 쉬며 시원한 음료를 마시며 즐길 수 있고, 길을 나선 김에 볼거리와 먹을거리가 풍부한 대인시장도 거쳐 가면 좋겠다.

* 문화전당역

문화전당역 안의 개찰구 모습

문화전당역은 구도청역이라고도 하며, 광주광역시 동구 광산동에 있는 광주 도시철도 1호선의 지하철역이다. 구도청역이라고 하는 이유는, 2004년 개통 당시에 전남도청이 있었기 때문이다. 하지만 2005년 광주광역시 승격에 맞추어 전라남도 무안군으로 도청이 이전하면서 역명을 문화전당역으로 변경하였다.

역 주변에는 광주 최고의 번화가이자 광주의 명동인 충장로가 있다. 충장로에는 전국 5대 빵집인 궁전제과를 비롯하여 다양한 음식점과 의류 매장, 할인 매장 등이 있어서 쇼핑하기 좋은 곳이다.

* 궁전제과

프렌차이즈 빵집이 골목까지 장악한 요즘, 여전히 옛 명성을 이어 가는 지역 빵집도 있다. 광주광역시에는 '궁전제과'가 있다. 1973년 여성 가장으로 '궁전과자점'을 연 창업주 장려자 할머니의 뒤를 이어서 3대째 운영하고 있다. 광주광역시 시내에만 충장로 본점을 포함해 총 5곳의 점포가 있다. 이곳에서 가장 유명한 빵은 공룡알빵과 나비파이이다.

공룡알빵은 동그란 바게트의 속을 파내어 그 속에 샐러드를 넣은 것으로 다른 곳에서는 맛

❶ 광주의 유명한 빵집 '궁전제과' | ❷ 궁전제과의 대표 빵인 '나비파이'

볼 수 없는 빵이다. 감자샐러드의 부드러움과 바게트의 바삭함이 어우러져 식감 또한 만족스러운 빵이다. 나비파이는 부드럽고 바삭한 식감을 가진 나비 모양의 파이이다. 고소한 맛이 색다르다.

궁전제과는 다른 프렌차이즈 빵집과는 달리 인기를 좇지 않고 독창적인 빵들을 꾸준히 개발한다. 정형화된 프렌차이즈 빵집에 지루함을 느낀다면, 광주에서만 맛볼 수 있는 궁전제과 빵들을 맛보는 것도 또 하나의 즐거움이 될 것이다.

찾아가기

- 주소 광주광역시 동구 금남로 5가
- 거리 / 시간 총 4km / 약 1시간 소요
- 코스 정보 남광교-푸른길공원-농장다리-광주역
- 화장실 이마트 1층, 산수도서관 1층
- 대중교통 버스 (남광주사거리 정류장 하차) 지원 15, 순환 01

  참고 : 무돌길 15구간 중 유일하게 지하철을 이용해 찾아갈 수 있는 구간이다. 지하철 1호선 남광주역에서 하차한다.

- 맛집

  궁전제과

  주소 : 광주광역시 동구 충장로 93-6

  전화번호 : 080-611-8888

Tip

☞ 푸른길의 역사를 알 수 있는 남광주역사 둘러보기

☞ 오랫동안 자리를 지켜 온 광주·전남지역의 수산시장 '남광주시장' 둘러보기

☞ 건축가 승효상 씨가 만든 '농장다리'와 광주역의 과거 감상하기

☞ 상인과 예술가들이 함께하는 전통 시장인 '대인 예술시장' 구경하기

☞ 광주의 중심이자 젊음의 공간 '충장로'와 5대 빵집인 '궁전제과'에서 쇼핑하기

– 참고문헌

· 광양시, 2003, 백두에서 백운까지, 한반도 최장맥 끝지점의 상징성에 관한 연구, pp.77–81

· 광주광역시 동구지원2동 창조마을 만들기 협의체, 2014, 지한면 녹두밭웃머리 이야기, p.43

· 광주광역시 북구 문화공보실, 2004, 광주북구지리지

· 국토지리정보원, 2010, 한국지명유래집: 전라제주편, p460, p.463, p.465, p.534

· 국토지리정보원·광주광역시, 2014, 한국지리지 광주광역시, p.379, p.388

· 무등산보호단체협의회, 2011, 무등산 무돌길, pp.26–27, p.32, p.49, p.50, p.78, p.83, p.90, p.92, pp.85–86, pp.105–106, pp.111–112, p.114, p.203, p.250

· 문화동주민자치위원회·시화문화마을 추진위원회·(사)시화마을 금봉문화진흥회, 2011, 詩畵가 있는 文化마을, pp.69–71

· 박선홍, 2013, 무등산(무등산의 유래 전설과 경관), 책가, p.84, pp.110–112, pp.130–131, p.275, pp.313–315, pp.445–447

· 박태호, 2006, 장례의 역사, 서해문집, pp.151–200

· 석곡동 굿리더 비전아카데미 추진위원회, 2013, 광주문화유산의 보물창고, 석곡동! 석곡, 가슴에 품다, pp.108–109, p.114

· 송정현, 1972, 「임진왜란과 호남의병」, 『역사학연구』 4, pp.1–23

· 홍순권, 1990, 「한말 호남지역 경제구조의 특질과 일본인의 토지침탈–호남 의병운동의 경제적 배경」, 『한국문화』 11, pp.251–302

· 화순군지 편찬위원회, 2012, 화순군지 上, 자연환경과 역사, pp.100–103, pp.162–163

– 출처

· 광주광역시 www.gwangju.go.kr

· 광주광역시 도시철도공사 www.gwangjusubway.co.kr

· 광주북구문화관광 culture.bukgu.gwangju.kr

· 광주 북구 무등산수박마을 moodeungsan.invil.org

· 대한민국 구석구석 korean.visitkorea.or.kr

- 만연사 만연사.kr
- 무등산생태문화관리사무소 mudeungsan.gwangju.go.kr
- 문화재청 cha.go.kr
- 소쇄원 www.soswaewon.co.kr
- 수만리들국화마을 www.sumanri.com
- 안심마을 www.ansimvillage.co.kr
- 원효사 www.wonhyosa.or.kr
- 지역정보포털 www.oneclick.or.kr
- 청풍학생야영장 cheongpungcamp.gen.go.kr
- 평촌도예공방 www.pcdy.co.kr
- 한국가사문학관 www.gasa.go.kr
- 한국역대인물 종합정보시스템 people.aks.ac.kr
- 화순군청 www.hwasun.go.kr

- **이정록**

  이정록(李楨錄)은 1987년부터 현재까지 전남대학교 지리학과 교수로 재직하고 있으며, 지역개발정책, 관광지리학, 지역조사법 등을 강의하고 있다. 대한지리학회장(2005~2006년), 전남대학교 사회과학대학장(2008~2010년), 대통령자문국가균형발전위원회 및 대통령직속지역발전위원회 위원(2008~2013년), 한국토지주택공사(LH) 사외이사 및 이사회 의장(2009~2012년) 등도 역임했다. 특히 2014학년도 1학기에 개설되었던 지리학과의 '지역조사법' 수업에서 '무돌길'을 주제로 강의를 진행하면서 학생들과 함께 조사한 내용을 바탕으로 무돌길 안내서 집필을 기획했으며, 학생들의 원고 작성을 지도하고, 집필에도 직접 참여했다.

- 제1길과 제3길을 집필한 **김성은**은 1993년 광주광역시에서 태어났으며, 현재 전남대학교 지리학과 4학년에 재학 중이다. (kse6468@hanmail.net)

- 제1길을 집필한 **김부미**는 1994년 광주광역시에서 태어났으며, 현재 전남대학교 경영학부 2학년에 재학 중이다. (flswldhksk@naver.com)

- 제2길을 집필한 **김창은**은 1994년 대전광역시에서 태어났으며, 현재 전남대학교 지리학과 2학년에 재학 중이다. (chang7415@nate.com)

- 제3길을 집필한 **오진주**는 1995년 부산광역시에서 태어났으며, 현재 전남대학교 경영학부 2학년에 재학 중이다. (mjlove9989@naver.com)

- 제4길과 제6길을 집필한 **김공승**은 1992년 부산광역시에서 태어났으며, 현재 전남대학교 지리학과 2학년에 재학 중이다. (fuck016@naver.com)

- 제5길을 집필한 **이아름**은 1989년 인천광역시에서 태어났으며, 현재 전남대학교 지리학과 3학년에 재학 중이다. (lal1318@naver.com)

· 제7길을 집필한 **이은규**는 1989년 광주광역시에서 태어났으며, 2015년 2월에 전남대학교 에너지자원공학과를 졸업할 예정이다. (eunkyu89@naver.com)

· 제8길을 집필한 **은현석**은 1991년 전라북도 정읍시에서 태어났으며, 현재 전남대학교 경영학부 3학년에 재학 중이다. (eunhs3760@gmail.com)

· 제9길과 제10길을 집필한 **김성룡**은 1992년 전라북도 정읍시에서 태어났으며, 현재 전남대학교 경제학부 3학년에 재학 중이다. (rjwl7777@naver.com)

· 제11길과 제12길을 집필한 **엄재홍**은 1994년 충청북도 증평군에서 태어났으며, 현재 전남대학교 지리학과 2학년에 재학 중이다. (ujh3344@gmail.com)

· 제13길과 제14길을 집필한 **박현범**은 1991년 부산광역시에서 태어났으며, 현재 전남대학교 화학과 3학년에 재학 중이다. (shadow_say@naver.com)

· 제15길을 집필한 **노지훈**은 1992년 수원시에서 태어났으며, 현재 전남대학교 지리학과 2학년에 재학 중이다. (njh4549@naver.com)

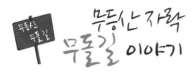

초판 1쇄 발행 **2015년 2월 6일**
초판 2쇄 발행 **2015년 11월 2일**
지은이 **이정록 외**
　　　　김성은 · 김부미 · 김창은 · 오진주 · 김공승 · 이아름
　　　　이은규 · 은현석 · 김성룡 · 엄재홍 · 박현범 · 노지훈
펴낸이 **김선기**
펴낸곳 **(주)푸른길**
출판등록 **1996년 4월 12일 제16-1292호**
주소 **(08377) 서울시 구로구 디지털로 33길 48 대륭포스트타워 7차 1008호**
전화 **02-523-2907, 6942-9570~2**
팩스 **02-523-2951**
이메일 **purungilbook@naver.com**
홈페이지 **www.purungil.co.kr**
ISBN **978-89-6291-271-5 03980**

© 이정록 외, 2015